よいモノづくりは よい人づくりから

トヨタの現場管理者が経験を語る

平井 勝利 著

まえがき

人生の大半を会社と共に歩んできたと思っています。

無事一つの区切りをつけたものの、現在もいろいろな企業に出向いて今までの体験を基に「現場人の心根や仕事の仕方・職場の活性化」について、伝えたり共に同じ目線で問題課題について勉強させていただいています。

46年間トヨタ自動車で学んだこと教えを受けたことを、今苦労しがんばっている人たちや管理監督者に、会社生活でのヒントあるいは今後の参考になればと思い、今までを思い返し整理しながら本書にまとめました。

講演や企業セミナーなどの講師をしていると、どこの企業も職場内のコミュニケーションをよくするための苦労や、仕事の指示命令の難しさ、上司と部下の人間関係などなどいろいろ悩みが多く、先人たちにすがりながらも糸口を見つけようとがんばっている光景を目にします。

私は学者でないので体系的にはまとめることはできませんが、トヨタ自動車に高卒技能員として入社し、現場での作業を経て、監督者・管理者として会社人生を過ごしてきた実践体験があります。本書では現場での「実践」や「体験」を基に、先輩諸氏や同僚・後輩に助けられ、共に苦労をしてきたことや教えを受けたことを振り返りながら、今抱えている問題、これから直面する問題の解決の手助けになると思ったことを紹介しました。本書が読者の皆さんのお役に立てばこれに優る喜びはありません。

最後に、私をここまで育ててくれた多くの「師」である方々や支えてくれた同僚たちに心から感謝したいと思います。

平井　勝利

2012年6月

目　次

まえがき　3

第1章　会社生活は人生

1・1　入社当時を振り返る　12
1・2　寮生活　―コミュニケーションを育む―　13
1・3　班長時代　―シングル段取りと張課長（現会長）との出会い―　15
1・4　班長会時代における人間性構築　17
1・5　班長から組長へ　18
1・6　工長は神様　―そして管理職に―　19
1・7　課長になってから今も続く習慣　21
1・8　シャシー製造部の次長　―人材育成の要として―　22

第2章　教え育む　―現状認識と環境の変化に対応―

2・1　新入社員教育　26
2・2　OJT (On the Job Training) 教育　28
2・3　職場は人材育成の道場である　32
2・4　自分の城は自分で守れ　35
2・5　現場を観察するための目線　38

第3章　職場を悪くしたい人は一人もいない

3・1　職場の声が聞こえているか？　聞いているか？　42
3・2　品質不良を出したかったのか？　ケガをしたかったのか？　44
3・3　現場の悪さが見えているか？　見えるようになっているか？　46
3・4　一番の問題は何か？　夢や目標を語ったことがあるか？　48
3・5　人を知らなければ人は動かず、人は心で仕事をする　51
3・6　気配りが人を動かす　53

3・7 日本人気質と今後の国際競争 …… 55

第4章 今一度、小集団活動の基本を考える

4・1 品質立国を目指したＱＣ活動・ＱＣサークル活動とのかかわり …… 60
4・2 管理監督者の一言で活動の進捗が変化する …… 63
4・3 続けることは至難の業、常に関心をもて …… 66
4・4 小集団活動への抵抗 ―資料づくりや発表会がイヤ― …… 68

第5章 上司の関心・部下の関心 ―問題の共有化―

5・1 部下の前で自分の考え方を語ったか？ 夢を語ったか？ …… 76
5・2 上司の行動・心構えで職場が変化する …… 79
5・3 「褒めたり」、「叱ったり」できる職場をつくれ …… 80
5・4 管理者が自ら5現主義を実践せよ …… 84
5・5 聞く、任せる、知らせる、認める ―聞き上手は仕事上手― …… 86

第6章 コミュニケーション……できているだろうか？

6・1 部下と話をしているだろうか？……92
6・2 暗黙知の中でのコミュニケーション……93
6・3 人を見て、法を説け……95
6・4 本音の話合い……97
6・5 人は心で動く、心の反応を見よ……99
6・6 話合い制度の確立 ―真面目な話合いの場をつくれ―……102
6・7 リーダーに必要なコミュニケーション10か条……104

第7章 管理監督者は更に研鑽、もっと勉強せよ

7・1 信頼のおける管理監督者になっているか ―部下は見ている窓越しで―……112
7・2 付き合いにくい管理監督者と思われていないか……114
7・3 管理者になったらもっと勉強をせよ、まだまだ知ることはいっぱいある……116
7・4 貪欲に本を読め ―今流にアレンジせよ、部下育成には必須項目―……118

7・5　ベンチマーク　―他社を見るなら人も見てくること！―……122
7・6　興味をもつことは向上心の表れ　―変化点が勉強の場である―……126

第8章　向上から安定……そしてぬるま湯感からの脱出

8・1　過去を振り返る　―今語り伝えるべき産業の発展と人の努力―……130
8・2　世の中が活気づくとがんばりに火がつく……133
8・3　いつもよいから悪いものは出ないだろう　―管理者は油断防止をせよ―……135
8・4　事の本質を部下に教え込む　―ルールの本質は何かを理解させよ―……137
8・5　変化に対応する力　―管理者の言動・行動が職場を変える―……139
8・6　管理監督者は教育者　―仕事を教え、人の道を教える―……141
8・7　厳しいときこそ、新しきにチャレンジせよ……143

第9章　軸をもった管理監督者・リーダーになれ

9・1　軸をもった人間とはどういうことか？……146
9・2　リーダーの条件　―チャーミングなリーダーになろう―……149

9・3 常に相手の心を読め、悪い条件になることも心して物事を語れ …… 151
9・4 舞台に乗れば人は舞う、舞台をつくるべし …… 154
9・5 人生80年、1日は24時間、苦しみが楽しみに化ける …… 156
9・6 企業は人なり ―人材育成が企業存続のキーワード― …… 158

あとがき 161

第1章

会社生活は人生

張　富士夫　会長（左）と筆者

1・1 入社当時を振り返る

私は1964（昭和39）年三重県の高校を卒業しトヨタに入社した。当時は、東京オリンピック、新幹線の開通などいろいろな意味で産業が開花したころである。当時のトヨタはモータリゼーションの幕開けで、企業拡張が本格化し、本社工場に続き元町工場（乗用車の一貫工場）、上郷工場（エンジン工場）、それに続く工場建設ラッシュへと進んでいた。現場に働く従業員は、中学を卒業し養成所で3年間鍛えられ正社員になる者もいれば、臨時工から正社員に登用される者もいた。1962年から始まった高校卒の正社員採用が始まり、私は高卒現場技能員3期生として入社した。

入社後、プレス課に配属になった。当時の現場は先輩の仕事を見よう見まねで「やってみろ」、「**技を盗め**」といった考えが大いにあり、何もかも古きと新しきが入り乱れていたと記憶している。ちょうど入社したころ、今では当たり前にやっているトヨタ生産方式（TPS）、カンバン方式が取り入れられ、管理監督者は躍起になってこれを定着させることに励んでおり、標準書の整備、正常・異常の区分、問題点の洗い出しと改善、やることは山のようにあった。新人であったこともあり、先輩や上司からは厳しく鍛えられた。当時は高度成長の時代だったので働くところはどこにでもあり、いやになると辞めていく者も多くいた。今、中国で話題になっている離職率の高さと同じ環境が、当時の日本にもあったと思っている。

振り返ってみると、46年やってきたことが自分に合っているのか、どうだったのか考える暇すらなく、ただがむしゃらに我慢して突き進んできたことが思い出される。

1・2　寮生活　―コミュニケーションを育む―

8時間の昼夜勤務に残業はいつでも2時間が当たり前、失敗しては怒鳴られ、寮生活と会社の往復で仕事のことがいつも頭の中から離れない日々を送っていた。ただ、救われたのが周りには多くの同僚や先輩たちがいたことである。愚痴をこぼし、お互いが慰め合い、寮での友は47年たった今でも兄弟以上の関係である。

トヨタでの生活は、遊びといっても周辺には遊び場が少なく、今のように車はもっておらず、皆貧乏を絵にかいたような生活で、夜勤明けの土曜日はいつも仲間とソフトボールをしていた。休みにはインスタントラーメンを食べ、いろいろなことをよく話し合ったものである。

トヨタの中で麻雀が大はやりしたことがあった。この麻雀が当時の人間関係の基本をなしたのではないかと思っている。仲間と麻雀をし、その後で2時間も3時間も仕事の話やいろいろな話をしたものである。上司に麻雀を誘われたときも、もちろん麻雀が目的であったが、それ以上にその後の雑談が目的であったように思える。雑談の中身も仕事の心構え、ものの考え方、失敗した後の励ましやら指導やら、今では少なくなってきた人との心の交流が大いにあった時代だった。

仕事は大変であったが、今のように時間がスピードを上げて流れるのではなく、もう少しゆっくりと時計が回っていたように思える。現場の仕事も失敗すると現地でじっくりと考えたり、原因を追究したり、問題を改善したり、提案活動をすることで評価を受けたり、何につけても真剣にやれば認めてもらえる風習が現場にあったものである。

私の周囲には改善提案活動で優秀な人たちが大勢いたのもよき環境であったと思う。トヨタでいう「**創意くふう提案制度**」である。やりにくい仕事、ムダやムリ、ムラのある作業を見つけては競い合って「創意くふう提案」を出していた。私が配属されていたプレス課では、全社で表彰される半年優秀提案者や年間優秀提案者が大勢いて、負けじとがんばり、いつしかその栄誉を受けるまでに成長することができた。しかし、これは自分の能力ではなく、周囲の勢いに後押ししてもらい受賞できたのだと思っている。

1・3　班長時代　―シングル段取りと張課長（現会長）との出会い―

10年の歳月が流れた頃、班長に昇格した。当時はプレス課の一番の課題であるプレス金型交換（型段取り）時間の短縮が大きなテーマで皆躍起になっていた。２５０トンプレスの型段取りでも1時間以上かかり、何としてもシングル段取り（10分以下の型段取りのこと）を目標に総力を結集してチャレンジしていた。管理監督者はもちろん、技術スタッフ、多くの人の知恵が結集され、現場人もやれる改善を必死で実施していった。このことは、現場の活気は何かに向かって声を出しているところから生まれてくるということを肌で感じた体験であった。

その結果、プレス金型交換（段取り時間）が60分以上から3分になり、待望のシングル段取りを達成することができたのである。これを機に自分たちの職場が社外からの見学コースになり、毎日のようにお客さんがプレス金型交換を見学にやってくるようになった。しかし、現場の生産体制はＴＰＳ・カンバン体制で時間と戦いながら生産をしていたため、金型交換の時間を図って見にきてもらわなければならず、お客さんを待っていられる時間の余裕は少なかった。

あるとき、当時の生産調査部の張富士夫課長（現会長）が取引先を連れて見学に来たのだが、10分ほど時間に遅れてやってきたことがあった。私は型替え後に生産する製品が後工程に間に合うかどうかでやきもきしており、遅れて見学者を引率してきた張課長に「遅れてくるとは何事か！　現場は一分一秒で戦っている！」と班長の分際でかみついてしまった。ところが次の日に張課長が見学者を引率して時間どおりにやってきて私を見つけるなり「昨日は申し訳なかった、今日はきちんと時間を守ったぞ」と帽子をとって謝られた。若造の班長の私に帽子をとって課長が頭を下げるという光景は見たことがなかった。このときから私は張課長の偉大さに心を打たれ「何か言われたら何でもやってやろう」と決心し、張信者になったのである。

自分が遅れたことに対して職位が下であろうが何であろうが悪ければ謝る。道理であってもなかなかできることではない。これを当時の張課長が帽子をとり私に頭を下げたことは大きな勉強になった。今でも思い出すと体が震えるほどの経験であった。

私がプレス課の課長であったときに、プレス課のトラブルで後工程に迷惑をかけたことがあった。後工程の若い班長に電話で叱られ現場に向かったが、私が課長であることを知ると相手の班長は恐縮してすぐに謝ってきた。しかし、自分が班長のときに張課長に食ってかかったときのことを思い出し、改めて頭を下げて帰ってきた。師の教えが実践でき、自分が成長できたと実感した瞬間でもあった。

1・4　班長会時代における人間性構築

班長に昇格し4～5年したとき、全社の班長で構成する班長会の会長になるようにと要請があった。上司には自分はそんなに能力がないので辞退したいと申し入れたら、能力ではなく努力できるかを見て判断したのだと説きふせられてしまった。

会長は5、000名の会員をまとめ、工場ごとの支部長を束ねる役割を担っており、会を盛り立てるために必死で皆の意見を聞き、考え、協力要請をしていった。そのときもよき同志に恵まれ、また、娯楽行事や自己啓発行事、講演会や弁論大会を通じて班長としての自覚と社会人としてのモラル、人間性についての基礎教育にもなったと思っている。このとき、企業人としての指針と自分としての考え方の軸が少しずつ築きあげられていったと確信している。この頃の友とは、今も一年に一度集まり昔を懐かしむ班長OB会（老人会）を開催している。

会長をやっていた当時、我が家に3人目の子どもが生まれ、小さな家だったため増築工事も始まっていたが、何をおいても仕事であり、会活動のことで頭がいっぱいであった。家のことはすべて女房任せ、女房や子どもたちには大変な苦労をかけたと思っている。今の世であれば妻に離婚届をつきつけられていたのではないかと思い、陰で手を合わせているが少し古い人間のため口に出して言えないもどかしさがある。

1・5 班長から組長へ

トヨタの現場では「組」が組織の最小単位とされ、その組長となれば、安全指標や生産指標、原価管理や人事管理といったすべての指標の責任者となり、常に相対的に評価を受けてそれらを管理していかなければならない。10名前後の部下をもちすべてを管理し指導していくのだが、順調に推移することなどなく毎日が戦争であった。

品質問題が発生すればバタバタして大騒ぎ、ケガ人が出ればまた大騒ぎ、問題が出るたびに東奔西走、まるで戦場カメラマンである。当初は自分の力で乗り切ることが職制の能力と思い努力したものであるが、やれることとやれないことが必然的に出てくるのが職場である。組織が大きくなればなるほど一人でできないことが発生してくる。ここで力を出したのが部下たちの協力であり、集団力であった。

このときは班長時代、班長会運営で学んだことが大いに役立った。それは、仲間を巻き込みそれぞれの能力を最大限に活かすことである。カーネギーやドラッカーの著書にもあるように個々の能力、適性を活かす工夫である。もちろん個人の能力を活かすには命令だけでは人は動くことはなく、そこに信頼と信用がなければ部下はついてこないことは明白である。言うのは簡単であるが、信頼や信用を築くことは簡単ではない。

私の自宅は組の仲間の集会所のようになっており、休日にはよく仲間が集まり、麻雀をやったり、食事会をやったりしていた。妻も快く皆を受け入れてくれたことも大きかったと思っている。

私のようにしなければ、信頼や信用を築くことができないとは言わないが、どんな部下でも本人のため、親身になって付き合っていくと自然と心の交流が出来上がってくるものである。上司と部下というより人と人との関係に深みが生まれるのである。現在、当時の部下たちは職場になくてはならない人として活躍していることが私の誇りでもある。

1･6　工長は神様　―そして管理職に―

私が工長になったのは41歳のときである。一般的にいえば係長である。

実は、現場の人間としては一番力を出せる職位であり、また神様みたいな存在でもあった。

大学卒の課長が現場に命令しても、職位が下である工長が首を振らなければ事が進まなかったのである。現場は工長の采配で物事が動いており、大きな力をもっていた。また、先輩後輩(先に昇格した工長には従う風潮があった)の序列があり、新人工長は夜勤になると先輩工長へお茶出しまでやるのである。読者は「エッ?」と思うであろうが、これがあったからこそ現場の秩序は揺るぎないものになっていたし、いざといったときの結束も強かった。

3、4組を束ねる工長は、問題把握や人の行動に気を配りながら職場を巡回し、見えないものが見えるように五感を磨いていた。上司からは、現場を見て回るとは「機械が動いている」、「順調に仕事が進んでいる」のを**眺めるのではなく、「匂いを嗅いで現場を回れ」**と教えられた。いつもと違う雰囲気や空気を読めないようでは、工長は務まらないし、立派な管理者でない。先を見て歩けということである。

人間はもともと怠ける動物である。私も気になったことを後回しにして職場を回ったこともある。しかし、後回しにしたことが問題になったことがたびたびあり、反省はサルでもできると思い知らされた経験が思い出される。今でこそ周囲に言えることだが「気になったらまず調べよ。行動せよ」である。

私は工長を10年経験した。鉄板をプレスすることで形があるものになっていくのは一つの喜びであった。また、プレス品の品質さえよければその後の溶接や組立てなどの工程もうまくいくため、責任もやりがいも大変大きかった。しかし、材料の特性や加工技術の難しさで苦労が多かったのも事実であり、モノづくりの難しさを思い知らされた。いつも問題解決ばかりで気の休まる日がなかったように思えるが、今ではそのことが懐かしい思い出になっている。

１９９７年に課長に昇格したが、現場の技能員だった私がその立場になるとは夢にも思っていなかった。当時の人事担当の役員から言われた言葉を今でも思い出す。「平井、課長になったのだから後は（**教えてもらったことを部下にちゃんと教え**）部下を育てて、会社に恩返しをしろよ」。その言葉を言った役員は、今はこの世にいないが、心の中に残る師匠でもある。

1・7　課長になってから今も続く習慣

実は、課長になってから退職した今でも続いていることが二つある。

課長であったときは１５０人ほどの部下をもち、その部下は二交代で昼夜となく働いていた。職場で異変があれば（特に夜であれば）すべてを工長が判断して処理をしていた。しかし重要な品質問題、災害などが発生すれば上司である課長に連絡し指示を仰ぐのがルールであった。

その課長が熟睡していたり、連絡がとれなくなったりすれば部下は不安で指揮が乱れるのであるから大変なことになる。

そのため、私が実行したことは、①**平日は酒を飲まない**、②**携帯電話と添い寝をする**、である。これが今でも続いている。

何度か夜中に現場に飛んでいったことがあるが、行くだけで部下が安心し、部下だけの力で解決してくれたこともあった。もちろん、このようなルールは組織のルールではない。ただ、重要なのは部下の心のよりどころになれるかどうかである。これも管理者の務めであると思っている。

1・8 シャシー製造部の次長 —人材育成の要として—

2000年、シャシー製造部の次長に昇格した。1999年よりトヨタを代表してQCサークル愛知地区の幹事を担当していたが、そのまま幹事を担当させてもらった。幹事になってからは、ここでも、周囲の方々からの支援を受け、社内だけでは得られない貴重な経験をすることができ大変勉強になった。

トヨタ自動車は１９６４年からＱＣサークル活動を取り入れ、現場の問題解決のために精力的に推進しているが、**ＱＣサークル活動はＴＰＳとお互いを補完し合う両輪になっている**。正常・異常を見極め、数々の問題をデータでものを言い、小集団で問題解決する姿勢は、ＴＰＳにもＱＣサークルにとっても重要な姿勢である。私も当初はやらされ感でやっていたものであるが、やったおかげでものの考え方を学ぶことができた一人である。

ＱＣサークル活動は困ったこと、やりにくいことを改善するための知恵を出す訓練にはもってこいの活動である。人の知恵は無尽蔵である。

私は、現場で働く人々がそれぞれのもっている能力を発揮し、問題に挑戦すれば大きなパワーとして職場を変えていくことができると信じている。近年は総力戦であり、企業の基盤づくりや人材育成をして強固なものにしていかないと世界戦略に負けてしまう。昔を懐かしむこともあるが、時代を先取りした人材育成も必要であると感じる。また、体験してきたことの中から後輩に伝えていかなければならないことも多くある。このことは、私にとってのトヨタで最後の大仕事であった。

本書で紹介することは、私の会社生活の中で体験したことを通して会得した教訓や経験則が基本になっている。必ずしも体系化された話ではないかもしれないが、それが少しでも後輩に役立つのであれば、そのための努力をするのが男の仕事だという思いから記し残す次第である。

第2章

教え育む

―現状認識と環境の変化に対応―

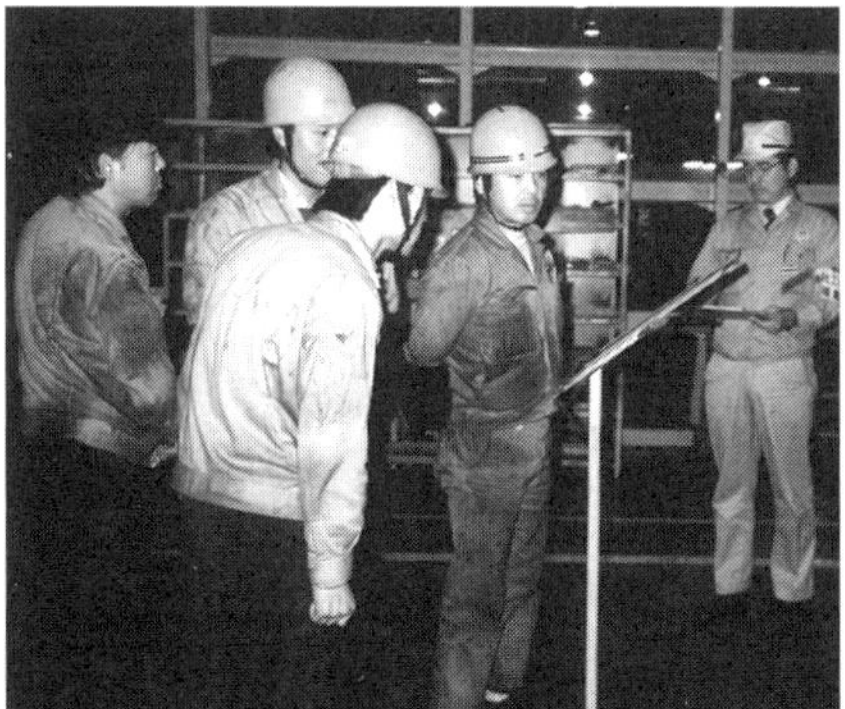

安全教育

2・1 新入社員教育

教育の重要性はよく耳にするが、なかなか教わる側が十分に理解に至るところまでは教えられていることは少ない。ここでいう教育とは企業に入ってからの教育であるが、どこの企業も新入社員には受入れ教育、数年たってからのフォロー教育、職制になる前に行う職層教育などがある。それぞれ狙いや課題を抱えての教育であるが、受ける側と行う側のベクトルがなかなか合わないのが実情である。

私もいろいろな教育を受けてきたが、受けさせられたとの思いの方が多く、自分の意思でやらなければならないと思って取り組んできたことは少なかったと思う。

新入社員の頃は学校という勉強のみの場所から解放され、**自由になれる、自分の仕事を覚え自立できると喜び**に満ち溢《あふ》れている。**企業に入れば懇切丁寧に様々なことを教えてくれる、**と思って臨むのであるが、現場のこと、事務所のこと、技術畑のこと、見るもの聞くものすべて初めてのことであり、また、理想と現実が異なり、カルチャーショックを受けることも少なくない。そのため、新入社員には時間をかけて会社の内情、現地現物で仕事を教え、事実認識をさせることが肝要である。

職場に数名ないし多くの新入社員が入ってくるのであれば規律教育から躾《しつけ》面に至るまでカリキュラムを組んで集合教育がなされるが、今では多くの企業が新卒採用を少なくしており、個別教育となっているのが現状である。

企業の中で働く上で必須となること、基本的なことについてはそのときに聞きかじっても忘れることが多い。そのためマニュアルとして手元に置いて見られるようなものを配付するのが一番である。

特に新入社員にとって大切なことは、周囲の先輩たちと仲よく生活していくことが何より重要である。周囲から指導を受け、実践して、徐々に仕事を進めていくのであるが、はじめからうまくいくわけがない。指導書や作業要領書を見ながら知識や技能を学んでいくのであるが、最初はわからないことばかりである。そのときに、**社会人として人間関係の大切さ、企業人としてのルール、行動と責任のとり方**、といったことを先輩たちが教えながら指導すると、不思議と非常に理解が早くなる。そのためにはよき先輩を新人一人ひとりにつけて相談相手となる体制づくりをすることも忘れてはならないことである。

私も47年たった今でも当時の職場の先輩のことは忘れたことはない。厳しく険しい顔で仕事をしていた先輩が、仕事が終わると「おい、帰りにコーヒー飲みに行くぞ」と優しい顔でよく誘ってくれたことは鮮明に覚えている。会うチャンスはなくなったが、年賀状のやりとりなどは続いており、今なお心のこもった交流が続いている。

先輩という存在は、いつまでたっても社会人としての初めての先生なのである。

2・2　ＯＪＴ（On the Job Training）教育

新入社員に限らず、初めての仕事に従事する場合は現地現物でのＯＪＴ教育がどこの企業も主体である。

作業要領書や指導書を見て仕事を始めることになるが、何が書いてあるかわからず、意味も不明なことが大半である。仕事の仕方についても理解していないままに作業を教え込まれたりするので、工程の一員として従事する作業者たちは作業するだけで精一杯で、振り返っての確認や出来映えを見ることなどほとんどできない。結局は、言われたことのみの消化しかできない状況である。

ここで、大切なことは

①　教える側が本当に仕事を理解していること

②　この仕事は何をしている仕事なのか
③　どこに気をつけて仕事をするべきか
④　手順はなぜこのようにしたのか
⑤　過去の失敗やその経緯

などを指導者がきちんと理解した上で仕事の手順、急所などを新人に教え込まなければならないのである。指導を受ける方も十人十色であり、それぞれの個性やレベルにあった教え方をしなければならない。

人への教育は、かつての山本五十六元帥の教えにある「**やって見せ、言って聞かせて、させてみて、褒めてやらねば、人は動かず**」の一言に尽きる。そこまで考えての指導をやらずして、「何度言ってもわからない」、「少しも理解していない、ダメな奴」といった愚痴を言う先輩諸氏にはまったく閉口である。

人を育てる、仕事を教えるということについて、耳にたこができるほど聞かされ、叩き込まれた教え方があるので図1に記す。

仕事を教えるとは本当に地味なことであり、覚えるまでの道のりは大変長くかかるものであるが、そのプロセスを大切にしていかないと人は育たないのである。私は、表面的なことのみ

第1段階……習う準備をさせる
気分をほぐす 作業名を言う やったことがあるかを聞く 作業の重要性を話す 見やすい位置につかせる
第2段階……作業を説明する
手順を言いながらやってみせる 急所と急所の理由を言いながらやって見せる 何かわからないことはないか聞く
第3段階……やらせてみる
動作をやらせて間違いを直す 手順を言わせながらやらせる 急所と急所の理由を言わせながらやらせる
第4段階……教えたあとをみる
仕事につかせる 聞く人を決めておく たびたび見にいく 積極的に質問するように言う 徐々に見に行く回数を減らす

図1　仕事の教え方

教え込むだけでは、人間扱いしていない指導方法でしかないと思っている。「**相手が覚えていないことは自分が教えなかったからだ**」との気概をもって行動しなければならない。先輩や上司と言われる人たちは、心して仕事を教える義務があり、人を育てる責任がある。これが日本の現場の技能伝承であり文化だと思う。責任と言われると荷が重いと感じるかもしれない。しかし、ギブ・アンド・テイクだと考えれば、それほど荷が重いとは感じないのではないであろうか。

自分の子どもが社会人になったときに、社会人の先輩としていろいろと教えてやりたいことも多いが、なかなかそういうわけにはいかず、ヤキモキしたり心配したりすることも多いであろう。しかし、自分の代わりに、会社の上司や先輩が叱りながら、褒めながら、いろいろと自分の子どもに社会人としてのイロハを教え込み、育ててくれているのである。自分の子どもをよそ様に育ててもらっているのである。そう考えれば、自分もよそ様の子どもを育てるのは、それほど苦にならないであろう。

仕事を教え、物事のイロハを教え込んでいけば、職場にとっても社会にとっても必要な人材が育っていくことにつながり、その見返りは自分に戻ってくる。まさにギブ・アンド・テイクである。

人を育てながら仕事をし、仕事をしながらそこで働く人を育てていくのである。故松下幸之助氏の言葉が蘇ってくる。

「うちの会社はものをつくる前に人をつくる会社である」

この言葉と同じ思いで人材育成の大切さを言い続けているトヨタで、人生の大半を過ごせたことは大変幸せであり、今後も**人を大切にする企業であり続けてほしい**と思っている。

2・3 職場は人材育成の道場である

「今の職場に問題はありませんか?」

その問いに「特に問題ありません」と答える管理監督者は多いと思う。しかし現場が順調に進んでいてもこれは問題がないとはいえないのである。モノを見るというのは眺めているのではなく、いろいろな角度から観察してみることが必要である。私は見る目を養うために徹底してモノの見方を指導されてきたが、その一つが**TPS(トヨタ生産方式)**である。人の動き、機械の動き、モノの置き方から動作観察、七つのムダからムリ、ムラまで指導されてきた。

私は現場の技能員からスタートしたが、仕事にムラができたり、トラブルで進行がスムーズでなかったり、やりにくい作業でリズムが狂うことが一番つらいことであり、同じ作業時間でもより疲労を感じるものである。

その原因を現地現物で検証して、問題を改善し仕事をスムーズに行えるようにできれば、リズムも効率もよくなり作業も楽になる。しかし、その問題を改善するにはエネルギーが必要であり、なかなかその気になれるものではない。人は言われたことのみやっている方が楽で、考えることからは遠ざかろうとするものである。しかし、職場全体が何とかしようというムードになると、改善すること、提案することに競争心が沸き起こり、職場全体が動き出すのである。そのようなときの起爆剤となるのが現場の管理監督者の一言であるから、職制教育をしてそのような核になる人をいかに養成するかが重要なポイントになってくる。

幸いにしてかどうか職場には問題が山ほどあり、職場の総力をあげて問題解決をしなければ生き残れない状況になっている。管理監督者はこのような状況だからこそ、職場の問題を改善・解決する実践を通して人を育てる機会だととらえてもらいたい。日々の**実作業場を人材育成の道場**と考え、現地現物での体験学習と考えれば、人材育成への早道になる。作業者の人たちには問題の発見から改善に結びつけるまでを、少しでもやってもらうことが大切であり、その実績を通してスキルを高めていくのである。

作業者の仕事とは与えられた作業を要領書どおりに間違わずに着実に行い、ルールを守り、粛々とこなすことである。**職制の仕事**とは自分の担当の職場に発生する問題課題を改善してスムーズに進行させることが仕事である。つまり**改善することが職制の仕事**といって過言でないのである。

しかし、作業者が慣れた仕事をこなすだけになってしまうと、これは仕事から作業に移行していくことになり、単純作業者になってしまう。しかし、人は考えるという素晴らしい行動ができる頭脳をもっている。ルールどおり粛々とこなすように指導することも重要だが、それ以上に、考えて知恵を出して改善することを体験してもらうように環境を整え、指導していくことが大切である。

作業をしながら職場の問題を改善するのは大変なことであるが、このやり方をトヨタでは１９６４年からＱＣサークル活動として取り入れ粛々とやってきた。私も作業者のときはＱＣサークル活動で職場の問題を改善したり、その活動を発表したりしてきたのだが、「やらされているとの思いは正直あった」のが本音である。

しかし、改善したときや発表を終えたときに上司や先輩から褒められ、その感動や感激で苦労が報われ、「またうまくのせられたな……」と思ったことが多くあった。

いま思い出せば、こういった経験がなければ現場で、現地で、モノの見方や改善すること、設備や仕事の基本が理解できなかったし、身につかなかったのではないかと思う。作業と違う知識も多く体験、体得したのである。いま活動している人もきっと同じ思いになると思っている。

管理監督者は個人のレベルやスキルについてきちんと把握して育成していくプロセスの管理を行うことが重要であり、個人個人ともよく話し合うことが大切である。

2・4　自分の城は自分で守れ

ある本に書いてあった言葉で仕事と遊びとをうまく表現した文章があった。

仕事とは……したくないけどやらなければならないもの

遊びとは……やらなくてもよいのにお金を使ってまでもやろうとすることやりたくないと思う仕事でも生活のため、家族のため、がんばらなければならない。しかも、上司や先輩の目もあり気にもなる。しかし、ときには褒められ、認められることによって「がんばろう」との意欲もわいてくる。そして、嫌だった仕事も熱中しているときは我を忘れて没頭できる。まさに、遊びのときの心境だ。

理想と現実のギャップに不満がわくこともあるが、その問題を解決することにより、認められ、信頼されだすと人は前向きに考え行動するものである。

職場で行う問題解決を自分一人でできなければ、仲間を募ればよい。知恵を出し合えば答えも見えてくる。そこに小集団活動・ＱＣサークル活動の根幹があるのである。

しかし、この活動は挫折しやすい活動であるから、仲間で励まし合ったり、上司が常にサポートしたりして支援することが大変重要なのである。

ついつい人は「やらされている」と考えがちである。その心境もわかる。しかし、会社生活の晩年になりやっと理解できたことだが、職場の問題解決はやらされることではなく、やらなければならない大切なことである。自分が生き残るためにも、自分の会社の、自分の職場の、問題・課題解決を自分たちが行うことは使命であるといってよい。これは本心である。

よい職場をつくりたい、言い合いをしてもよいのでがんばれる集団をつくりたい。次の世代にバトンタッチする間際に、人は思いがきちんと整理され、腹の底に落ちてくるものである。

管理職になり、部下によく言った言葉であり、今も言い続けている言葉がある。

「現場の問題をそのままにしておくことはできん。ＱＣサークルはやらされている、そう言わんと、やらされたれ。ちゃんと活動見ているから。この僕が」

よく言ったものである。

かつてのトヨタの社長であった石田退三氏の言葉に

「自分の城は自分で守れ」

というものがある。私はこの言葉が好きだ。

この城とは、敵から身を守る場所ではなく、自分が主人公になる桧舞台ということである。

今、時代はスピードを上げ進んでいるが、人間はそんなに速いスピードで進化しているわけではない。科学やシステムは速く進んでいるように見えるが、本来の人間の本質が変化しているわけでもない。

人の心を感動させたり、共鳴したり、お互いが助け合い、協力しながら、この地球上に生息していく動物である。一人では生きられないのである。

それぞれの立場と役割を認識して**地道に**、**真面目に**、**徹底的に**、信念をもって進むこと。そのために一人ひとりが学び、努力し、助け合う精神をもち続けたいものである。

ただ単に与えられ仕事・作業をこなして毎日を過ごしているよりも周囲に発生している問題・課題を、自分たちの能力よりちょっと高めの目標を掲げ、一つひとつを改善、解決していけば会社生活も夢や希望がわいてくるはずである。

遊びのときのように、仕事にもワクワクする感覚をもてるようになれれば、一つの成功が次のチャレンジに結びつき、またやってやろうとの意欲、活力がわいてくる。ＱＣサークル大会などで目を輝かせて発表している人たちには、何ものにも代えがたい輝きが見受けられるのである。

2・5 現場を観察するための目線

管理監督者は常に職場の問題・課題はないか、日々鵜《う》の目鷹《たか》の目で職場を観察して問題の把握に気を配る必要があり、それが大切な仕事である。そして職場にある問題や課題、上位から来る様々な情報、環境の変化などをすべて仲間である部下や同僚に報告し、連絡し、相談することが大切であり、私はこれらを実践して行ってきた。

「報・連・相、これがウチの職場ではできていない」とよく聞くことがあるが原因は上位の人ができていない職場である。それは、上司の責任だと私は常に言っている。上司の立場の者から働きかければ知らないうちに双方向のコミュニケーションがとれるようになり、様々な面での報・連・相が充実する職場になること請け合いである。

そのためにも現場に出向くこと。**すべてのカギは現場にある。**ただし、見るポイントは整理

5大任務でチェックする

Quality（品質）
- ○不良は減っているか
- ○やりにくい作業はないか
- ○異常は発生していないか

など

Cost（原価）
- ○能率は上がっているか
- ○経費は節約しているか
- ○工数（時間）は短縮しているか

など

Delivery（納期・量）
- ○納期は予定どおりか
- ○生産は予定どおりか
- ○過剰在庫はないか

など

Safety（安全）
- ○ヒヤリハットは発生していないか
- ○5Ｓはよいか
- ○不安全箇所はないか

など

Morale（モラール）
- ○人間関係はよいか
- ○創意工夫提案は活発か
- ○出勤率はよいか

など

環境問題
- ○CO_2は削減されているか
- ○廃棄物は低減されているか
- ○地域への異常・苦情はないか

など

図2　5大任務プラス1の目線

して見てほしい。現場巡回時は常に5大任務プラス1の目線で問題の把握に挑戦してほしい。図2に現場巡回をするときのチェックポイントを参考に記す。問題の掌握は重要だが、なにより働く部下たちへの声掛けと激励を忘れないことである。上司の関心が薄れるといち早く部下は感じ取り、期待に添う活動までも冷めた活動に変化していく。仕事は心でするもの。長く付き合う職場の人との心の交流をベースに、次世代を託す人材育成に夢と希望をもって臨みたいものである。

現場を見よ。現場は生きている。生きた目で観察せよ。**見抜く力を養うこと**を大切に。

第3章

職場を悪くしたい人は一人もいない

管理ボードによる見える化

3・1 職場の声が聞こえているか？ 聞いているか？

管理監督者が職場に行き、部下から愚痴や要求が聞こえてくるだろうか？ なかなか聞こえてこないのが現実ではないだろうか？

部下は上司に対して言ってよいこと、言わない方が無難なことを分けて話をしているのが現実である。しかし、職場を受けもつ人間としては、現場の事実をきちんと把握しておくことが大切であり、よい情報も聞きたくない情報もありのままに入ってくるようにしておかないと、職場運営がうまく機能しないことはご承知のことだと思う。

10～20人の部下をもつ監督者と言われる頃は、部下について、毎日仕事の指示や行動を共にしているので、健康管理から精神状態までほとんどを掌握しており心が通った人間関係もできていたであろう。しかし、管理者になると部下の数も多くなり、直接の指示伝達も少なくなる。接点が少なくなれば相互理解も薄れるのが現実である。

読者の方々が管理者である係長や課長になったときは、何をおいても実践してほしいことがある。それは「**現地現物！ 自分の足で稼げ、現場に出ろ！**」ということである。様々な情報や職場の問題課題が人づてに伝わってくるが、そのことが正しい情報とは限らない。声の大きいことが正しい情報のように聞こえてくるが、惑わされることなく自分の目で確かめることが大切である。

部下の言動を日々よく観察し、言いにくいことも具申してくれるタイプ、機嫌をとりに心地よいことを言ってくるタイプ、聞かないと何も言わないタイプ、それぞれのタイプの中身をよく理解して、自分の目で確かめることができるように日々現場を見て回ることが大切である。

「**現場をよく見ろ！　空気を読め！**」トヨタにいた頃よく言われた言葉であるが、現場巡回していて何人かの職制が集まって何か話し合っているところには「**何かの問題**」が発生していることが多い（一番多いのが品質問題、ミスである）。管理者として、おかしな雰囲気だなと思ったらまずその場に行き、中身を確かめることである。すべてを仕切って仕事をせよとは言わないが、中身を知った上で、その職場の長に判断を任せたり、指示させたりすることによって解決できるように導くことが大切である。

ただ管理者として忘れてはいけないことは、結果についての報告を必ずさせることである。念押しのために、再発防止や標準化などの歯止めを忘れないことである。

3・2 品質不良を出したかったのか？ ケガをしたかったのか？

特に製造業に携わる管理者に心してほしいことがある。

モノづくり現場では品質不良との戦いであり、不良発生時には顔色を変えて走り回っていることが多々ある。また、ケガもしかりである。

不良が発生すると、それが作業ミスであれば作業者は浮かばれないのが現実である。「なぜ作業要領書どおりに作業しないのだ！ なぜ言われたことが守れないのだ！」さんざん上司に叱られれば、自然とうなだれ、気持ちも落ち着かず、時として会社も辞めたくなる。

こうした場面で私がいつも考えるのが、不良を発生した作業者がすべて悪いのか、ということである。本人にすべて責任があるのか？ 彼は不良を出したくてやった行為なのか？ 当然ながらその答えは、否である。

私は不良を出した部下に**「君は不良を出したくて作業をしていたのか？」**と聞いたことがある。当然ながら、部下からの答えは、すべて**「不良を出したいと思って仕事をする人はいません」**である。これは、ケガのときも同様である。

誰が叱られようとして仕事をするものであろうか。誰もがよいモノをつくりたい。ケガは出

したくない、したくないと心から思って仕事をしているのである。

しかし、現実には不良やケガが発生してしまう。誰の責任かを考える必要がある。作業要領書や指示書を間違えて発生させたのであれば、本人の責任がないとは言い切れないが、しかし、もっと突っ込んだ考えで物事を追求することが肝心である。不良やケガが出た現地をよく観察し、そこにある指示書や要領書が果たして作業者にやりやすく、わかりやすい説明をしているのか？　やりやすい工程になっているのか？　作業者が関与して作った要領書か？　そういったことを、よく分析することが重要である。

私の経験上、管理監督者が自ら体験して問題ないと判断してつくった要領書や工程は、ほとんど大きな問題発生は出ていない。工程の悪さを修正したり、危険を十分に教え込み作業の急所を織り込むから、悪さの見える化ができているのである。

私もかつての上司から耳にたこができるほど言われた言葉がある。「**作業要領書は心をこめてつくれ！　作業する人の身になってつくれ！**」。「不良を出すな」、「ケガをするな」と部下に言う前に、きちんとした作業工程をつくり、心をこめて要領書をつくる。そして指導をする。問題が出ることとは管理監督者の怠慢である。これは、忘れてはならない管理監督者の心がけであり基本である。

3・3　現場の悪さが見えているか？　見えるようになっているか？

職場をよくするためには現場の悪さが見えなければならない。しかし、どこの職場に行っても、あまり悪い内容の掲示物は貼ってないのが現実である。誰しも、上司に見られてお叱りを請うようなものより、説明もしやすく、見栄えもよい右肩上がりのグラフを貼っておきたいと思っている。しかし、これには落とし穴がある。

また、昨今ではパソコンから印刷してきれいなものを貼っていることが多い。確かに見栄えはする。しかし、いちいち印刷して張り出すため、どうしてもタイムラグがあり、遅れたものになりがちである。また、日々印刷していては作業が煩雑になる。そのため、私は個人的にあまり好きではない。日々の変化は手書きで描き足すぐらいでも十分真意が伝わり、問題はないのである。

現場に貼っておくものは、現場のためのものでなくてはならない。働く人たちの心を一つにする共有化の資料であるべきである。多少、見栄えが悪くなったとしても、自分たちの職場の悪さをも含めてすべてを見える化することが大切なのである。

第2章で述べたように現場には大きな任務が六つある。それは「**品質**」、「**原価**」、「**納期・量**」、

「安全」、「モラール・人事」、「環境問題」である。これらの項目の問題点を洗い出しておくことが大切である。この６大任務すべてを見える化せよとは言わないが、製造現場としては「**品質**」、「**原価**」、「**安全**」、「**人材育成**」の四つくらいは、職場の悪さも含めてオープンにし、共有化して取り組んでほしいと思う。

私が行っていたときは、ベニヤ板半分くらいのスペースに各項目の資料を貼って「**管理ボード**」として見てもらうようにして取り組んできた。４項目ならベニヤ板２枚である。例えば「品質」のスペースには**日々の品質状況、不具合情報、不良発生情報、自分たちで報告する自責の不具合、慢性不具合から材料の情報、不具合対策情報、各工程の見取り図から発生箇所マップなど**を貼っていた。

ここで、最も重要なことは、上司はこの問題点が貼られた前で「なんでだろう……？」と頭を悩ませることである。悩む素振りを見せるのは恥ずかしい、部下たちの不安を煽《あお》ると考える人もいるが、部下は、上司が問題に直面して考えたり、悩んだりする姿を見て、部下たちが上司の真剣さを測っているのである。

もし、悪い部分が貼り出されていなければ、上司は頭を悩ませることもなく、部下たちも多少の不具合は認識していても、その姿を見て徐々に作業に力を入れなくなるであろう。そして、上司も部下も「何も問題はない」と思い込んでしまうであろう。

部下たちは、上司が真剣に悩む姿を見て一緒になって解決しようと立ち上がり、ＱＣサークル活動などで取り上げて改善したり、関係する管理監督者も協力してくれたりして、解決につながるのである。誰しもがこの職場は自分たちの職場だと認識しているからである。自分たちの職場をよくしようと真剣に考えている仲間を見捨てる人は誰もいないのである。

管理ボードをつくってもはじめの頃はメンテナンスもしっかり行っているが、だんだんと時間とともに手抜きが見え始めることが出てくる。人間の悪しき特性である。

管理者の務めとは何事も**愚直に真面目に徹底的に**行うことである。そのために行わなければならないことは「**管理職自らがやり続ける努力・忍耐が必要**」。１週間に一度は各ボードを見て回りその前で担当者に質問することも大切である。「進み具合や困りごとを聞くこと」、「問題が何かを質問すること」、管理職自らが関心をもち続け、質問することにより進捗を確認し現場のマネジメントを実践していかなければならない。

3・4　一番の問題は何か？　夢や目標を語ったことがあるか？

「私たち管理者が職場をどうしたいか、夢や目標を部下たちに熱く語ったことがありますか?」

そう質問すると、多くの人たちは、年に一度は方針管理やあるべき姿を部下に浸透させていると答えてくれる。会社方針、部長方針、課長方針などは紙にも書いて配付し、説明してきたのであろう。しかし、これは大切なことではあるが、ほかにも多くの課題やチャレンジして解決していかなければならないことがあり、部下はあれもこれもとすべてを覚えているわけではない。

データで送られてきた方針などはどこかのサーバに大切に保管されて日の目を見るのは年央点検と期末点検くらいで、後は人の目から忘れ去られているのが普通である。紙に書いてあるのをどこかのボードに貼りっぱなしではさびしい限りである。

様々な方針は重要ではあるが、それよりも、現場を担当する管理者は多くを望まず、自分の職場で一番悪い項目を何としても期末までには、一桁あるいはゼロにすることを心がけることが重要である。いわゆる重点指向である。

多くの項目をよくしようと部下に投げかければ、あれもやらねば、これもやらねばと右往左往するだけである。例えば、工程内不良が多い職場では皆を集めて、「何としても品質不良発生ワースト職場の汚名を返上しよう、一桁も二桁もよくして期末には皆に笑われない職場になるよう徹底してやろう、他のことは二の次だ」と宣言すれば、部下は必ずがんばってくれるであろう。「あれもこれもやらなくてよい。とにかく品質問題重点だ」と思えば狙い目が一本になり、すっきりとしてがんばれるものである。

モノづくり現場は、品質がよくなれば原価も抑えられてくるように、すべて芋づる式であるから重点指向にするだけですべてが引き上げられてくるのである。

管理監督者は自分の夢や職場の悪さを引き合いに出し、一大決心を宣言することが大切である。その宣言が山を動かすことにも集団力に火をつけることにもなる。いつの時代も部下との信頼関係をつくることは重要なことで以心伝心する心根を築かなければならないのである。そのために、相手に真意が伝わるようにしっかりと発言し目標や目的を言うことを怠ってはならない。これは一番大切なことである。

家に帰って一息ついた頃、長年連れ添ったカミサンに、コーヒーを出してほしくて言った言葉でも誤解が発生する。

「**おーい、コーヒー**」カミサンから返ってくる言葉は

「**ありがとう、入れてくれるの？**」

どこかに思いと現実に違いが発生している……。管理者は相手に伝わるように大きな声で、ハッキリと目的ややってほしいことを言うべし。

リーダーは大きな声でわかりやすく発言することを肝に銘じて行動してほしい。

3・5　人を知らなければ人は動かず、人は心で仕事をする

人の上に立つ人は人が好きでなければならないと私は思う。

人付き合いの好きな人、人とのかかわりは苦労と思わない人であれば部下との接点も早く見つけやすい。現場で部下と仕事の話や趣味から生活のことなど話題も幅広く、普段の会話の中から知らない間に心の交流ができ、部下の性格や家庭環境のことなどプライベートなことさえも知らないうちに頭にインプットされる。コンプライアンスの問題もあるので気をつけなくてはいけない時代ではあるが、悪用しなければ問題ないのである。相手のことを知っておいて最善であると思うことに気配りをして付き合うことは日本人として大切なことであると思っている。

監督者の頃には部下の顔色をうかがい、体調はよいか、悩みはないか、奥さんや子どもがい

れば家庭のことなども気にしながら、仲良くしているか、今何年生になったか……、そういったことを気にとめて仕事の指示をしたものである。

人はいつも幸せな人生を送っているとは限らない。苦しいこと楽しいこと喜怒哀楽が入り混じって人は生活をしている。家庭での悩みをかかえたまま仕事をすれば仕事でミスをしたり、進みが遅くなったりするものである。悩んだり、落ち込んだりした様子を察知してちょっとした声掛けをしたり、励ましたりすることで元気を取り戻し、失敗の未然防止ができるものである。

私が現場の作業員の頃、品質不良を出し大変落ち込んでいたとき、ある上司が自宅へひょっこり顔を出し「**近くへ来たのでお前の家はこの近くだったと聞いたので寄ったよ**」と言って何でもない会話をして、最後に「仕事はシンドいけどがんばれよ」と励ましてくれて帰って行ったことがあった。後から考えると、偶然寄ったのではなく落ち込んでいることを予測して家に来てまで気を配り、励ましてくれたと思う。私の心の内を読んでの行動をしてくれた上司には頭が上がらなかったし、部下を思う心で仕事はするものであるとのことを学ばせてもらった。

これらの経験があったればこそ、監督者になってからの行動に体験が加わって部下思いの上司のまねごとが身についてきたと思っている。人は指示命令で仕事をしているのであるが、果たしてそれだけで仕事をしているのかと質問を受けたら、私は即座に「**人は心で仕事をしている**」と答えるだろう。

3・6　気配りが人を動かす

「人は心で仕事をする」と前述したが、相手や上司から何かの感動や感銘を受けたとき、人は喜んで自ら進んで行動を起こすものである。自分が苦しんでいるときにちょっと声をかけてくれたり、思いやってくれたりする人の心根を感じて、公私にわたりついて行こう、協力しようと思うものである。そして、仕事に関しても指示や命令にも心から賛同して行動を共にするものである。つまり相手を思いやる「気配り」ができる人は信望も厚く、集団的仕事をスムーズに達成していけるのである。

日本人は気配り民族とよくいわれる。優れたリーダー、名経営者、トップセールスマンをよく見てみると、この人たちに共通していることは「気配り」上手である。「**気配りは成功者の秘訣**」であるといっても過言ではない。

そういう自分も、仕事をしていく上で常に上司の考えを察知し、何を狙っているのか、どのような考えで今後に対応しようとしているのか、一歩先を見て考えながら歩調を合わせて仕事を進めてきた。目的が同じであれば手段を変えて、そのことを具申することは大切なことであると思う。また部下に対しても中間役として上司の考えを部下のレベル、目線に立ってわかりやすく説明することに心がけてきた。

現場で働いている仲間たちに難しい言葉を並べて、次元の高いことをやろうとするよりも、わかりやすく日本語で説明することが大切なことであると思って行動してきた。これは、私の部下に対する「気配り」であると思っている。

トヨタにいた頃、私のデスクの上には『カタカナ語・略語辞典』がデンと置かれていた。2万語を収録したもので横文字に弱い私の助っ人である。会社からの発信、上司からの発信、国際化時代とはいえ横文字を正しく解釈できない私は、知らなければ調べればよいというスタイルでよく活用したものである。部下への説明でも重宝した。

ここから会得したのはいかに目線を合わせ、平易な言葉で理解させるか。気配りを超えてのマネジメントの真髄と信じている。相手や部下を思う気持ちをもち、気配りをすることは大切である。しかし、単に自分が気配りをするだけでは駄目である。部下や相手からも気配りしてもらうことも大切である。**「気にかけてもらう存在であれ」**ということである。

そのために忘れてはいけないことがある、それが「**あいさつ**」である。第2章の「報・連・相」のところでも書いたが、すべては上位からするべきと私は考えている。管理者自らが率先して元気なあいさつをして部下を元気づけることは基本中の基本である。目を見て、表情やしぐさを感じ、情熱を伝える「目配り」、人の気配に敏感に反応して「気配り」の対応をし、相手や部下を思う気持ちをもって「心配り」をすることができてこそ職場の管理者・リーダーとしての素質が備わるのである。

昔から根回しの上手な日本人、はっきり言わずにファジー（あいまい）な人種とよくいわれているが、ここ日本にいるときはこれも文化であり、すべてを否定することもないのではないかと思う。

3·7　日本人気質と今後の国際競争

私はトヨタに在職中から、日本は今後の国際競争時代には優位に立つ勝ち組になれないのではないかと危惧していた。東南アジア・中国の発展を目の当たりに見てきて、海外の若者の熱き思いは今の日本人にはほとんど見られない姿である。富を得たい、偉くなりたい、自分を高く評価してもらいたい、将来はこうありたい……、夢や希望に燃えて毎日を過ごしている姿はすごいパワーがある。かく言う私も昭和の貧乏から高度成長を経て今に至ったのであるが、貧乏を経験したおかげで、何とか幸せにと物心両面での欲望と夢をもってがんばってきた。そして今の繁栄があるが、その陰で平和ボケ、幸せの波に飲み込まれてハングリーな心が衰退してきたのも事実である。

発展途中の産業界・企業人にとっては、多くが初めてで行動する道しるべがなかった時代であり、手探り状態で物事を進めるために、**「まずやってみよ」**の精神から何事もチャレンジの連続であり、その中からよいと思われるものを標準化、ルール化して進めてきた。我々の時代は多くの失敗も経験したが、その中から怖さの教訓を得て、危機を感知し回避する能力の向上にも努めてきた。体験者がその経験をもとに、やってよいこと、悪いことを選択して部下たちに指示を出し、失敗を極力させないやり方を指導してきた。その結果、自立したやり方をさせて経験を踏まえる体験をさせてこなかったことは、今の状況をもたらした一因であった。何をするにも指示をし、また指示を求めて仕事をこなしている文化をつくり続けてきた。知らず知らずに指示待ち人間をつくってきたのである。

今、多くの体験の中から培ったリーダーたちが団塊の世代で次々と職場を去っていく。指示待ち人間、指示がないと進むことができないといわれてきた新時代のリーダーたちもこれをチャンスとし、失敗もあるだろうが経験して物事にチャレンジすることが自分でやる時代、体験学の時代になってきたと見方を変えてみてはどうか。今はまさに新たな人づくり文化をつくりだすときではないであろうか。

時には一人では解決できそうにないことや、知識や経験のないことも多く課題として出てくる。現実を見据えてやらなければならないことが山積してくる。では、どうするか？と考え抜き、苦労してチャレンジ、知恵を出せば答えはおのずと浮かんでくるかもしれない。そうならなくても、一人の知恵で駄目なら、知恵を集めれば解決策が見つかるものである。先人たちもそのように行動してきた。日本人には元来協力して何事にもチャレンジする集団力がある。

２０１１年の東日本大震災では多くの人たちがかつて経験をしたことのない境遇に追いやられ、今もなお多くの方が苦しみ続けている。この逆境の中で協力し、苦難に向かって打ち進む姿は世界中の人を驚かせ、尊敬の眼で見られている。それは、誰もが認めていることであろう。日本人には共に思いが同じなら協力し、苦汁をなめてもがんばりぬく粘りと精神力があると信じている。中国・インドなど人口の多い国には優秀な方が大勢いるので、個人の力では一歩及ばないところもあるかもしれない。だからこそ、私はこれからの世の中では集団力がモノをいう時代がやってくると思っている。

いかに集団力を向上させるかはいかにチームワークで職場を統制できるかにあると思う。お互いに人格を認め、今は何をするときか、目的目標をしっかりと見極め、企業の中でのもち場、立場の仕事をしっかりと肝に落としてがんばりぬく企業人を育成しなければならない。

得意とする日本人の文化・気質・思想をよりどころによい会社、よい職場、よい人間関係、夢と希望、そして理想をリーダーである管理者・経営者が語ることこそ、企業文化の発展に寄与することであると信じてやまないのである。

夢や希望がもてない仕事ほど、殺伐としていて、打ち込めない仕事はないのである。自分たちの働いている職場を、会社を、悪くしたいと思っている人は一人もいないのである。愚痴をいうのは理想があるからである。

第4章

今一度、小集団活動の基本を考える

QCサークルを指導

4・1 品質立国を目指したQC活動・QCサークル活動とのかかわり

1964年、私はトヨタの高卒3期生・現場技能員として入社、本社工場のプレスショップに配属になった。父は戦時中まで名古屋で鉄工所を開いていたが戦火を逃れるため、母の実家である三重県員弁郡に疎開し、小さな雑貨・食料品屋を開いて移り住んだ。そこで私が生まれ、高校まで行かせてくれた。卒業後は四日市の市役所に縁故で入れることになっていたが、学校からの紹介もありトヨタの試験を受け入社が決まった。そのとき、父親が言った言葉が今も忘れられない。**「自動車はこれからの産業だがきれいな仕事とは違うぞ、鉄工所の親玉くらいに思っておけ、おまけに仕事はきついぞ」**入社して、そのことはすぐにわかった。

プレス課に配属になり、昼夜の2交代勤務、厚板が中心のプレス作業では単調な繰り返し作業と騒音。コンベヤによる流れ作業では、作業の速い先輩が先頭を受けもち、これでもかと製品を流してくる。よいも悪いも見極める暇もなく必死で加工するのみの毎日であり、品質についてのことなど考える暇もない有様であった。当時は「技術の日産」と宣伝をしていた日産自動車に一歩リードされていたと思っていたし、当時の現場の作業者であった自分たちの考え方も、今振り返ってみるといい加減な気持ちで作業をやっており、加工不良を出してはいつも叱られてばかりいたように記憶している。

当時、トヨタの品質は今一歩であった。作業のやり方や考え方にも問題があり、その問題を徹底して追究・改善していくことを基本とした思想を大野さん（元トヨタ副社長　大野耐一氏）がトヨタ生産方式（ＴＰＳ）として展開、実践し始めた頃であった。また不具合や不良をデータでモノをいい、しっかり品質管理していく体制づくりを目指してデミング賞にチャレンジしたころであった。

管理監督者や技術員は必死にＴＰＳの導入やＱＣ活動に取り組んでいたのであるが、そうした中でも、作業者の協力がなければ何事も進まないため、現場と一体の活動に向け作業者を巻き込んだ活動へと進化していったのである。

このときから、作業者は身近な問題を仲間たちとサークルを組んで改善する「**ＱＣサークル活動**」を展開し、他方、管理監督者、スタッフ（技術員）は重要問題改善に従事する活動（業務改善活動）を展開し、それぞれの棲み分けが自然にできていた。

デミング賞を１９６５年に受賞し、管理監督者が活動の中心で進めた改善活動や現場を巻き込んで進めたＱＣサークル活動が歩き始めた頃、私も少しずつトヨタマンの精神を受け継ぎつつあった。その後、ＱＣサークル活動も全職場で活性化していったが、仕事を終えてからの会合や資料作成などはやらされ感いっぱいで「**QCは苦しい活動だ**」とよく思ったものである。ただ当時は、上司もQCサークル活動に関心が高く、いつもチェックが入り、サボると徹底して叱られ、勉強会だ、発表だといわれてしごかれたものである。今思えばしごかれて覚えたからこそ、問題解決や仕事の仕組み、やり方を体得できたのではないかと思う。苦しんだ分、勉強になり後で役に立ったことが多かったと今になって思い出される。

1975年過ぎには職場全体で改善活動が盛んで、創意工夫制度での提案活動も盛り上がっていた。シングル段取り（プレス金型交換60分以上を10分以下まで短縮）を達成したのはこの頃である。職場全体が一人ではできなくても大勢でがんばればやれるとのムードができ、職場も活気があったことを覚えている。これらから学び、理解できたことは

「進むべき方向性と目的・目標があれば、人は群れて知恵を出す」

ということである。

作業の方法やルールが改善され、品質もよくなり、認められる車づくりの体制が確立されてきたのである。しかし、当初は誰かがやらせることに火をつけなければ誰もやりたがらないものであり、やらされることは悪いことでもない。かつて大野耐一さんが言っていた言葉である。

「できないと言う前に、まずやってみろ！　やってからモノを言え！」

ＱＣ活動もＱＣサークル活動も知恵を出し合えば必ず糸口は見えるものである。だから小集団をつくってチャレンジすることが素晴らしいのである。**人間は考える葦である。**

4・2　管理監督者の一言で活動の進捗が変化する

現在行われている小集団活動にはＱＣサークル活動やＴＰＭ活動、３Ｍ活動とか○○活動といって各企業により呼び方を変えて活動展開しているが、作業のやり方の問題解決や設備の問題解決であり、目的は改善することを通じて皆でよい職場をつくることにある。一番多くの企業で展開されているのがＱＣサークル活動であるが、なかにはこの名前が古いとか、難しいとか言っている方もおられる。しかし、私は言葉遊びをする前に本質をしっかりと言える指導者になるべきであると思っている。

どの活動も一貫しての目標は「**強い職場・組織をつくる基盤の人づくり**」が大目標であり、その手段として各活動をキーワードに展開することだと思っている。つまり**ＴＱＭ活動の基盤**

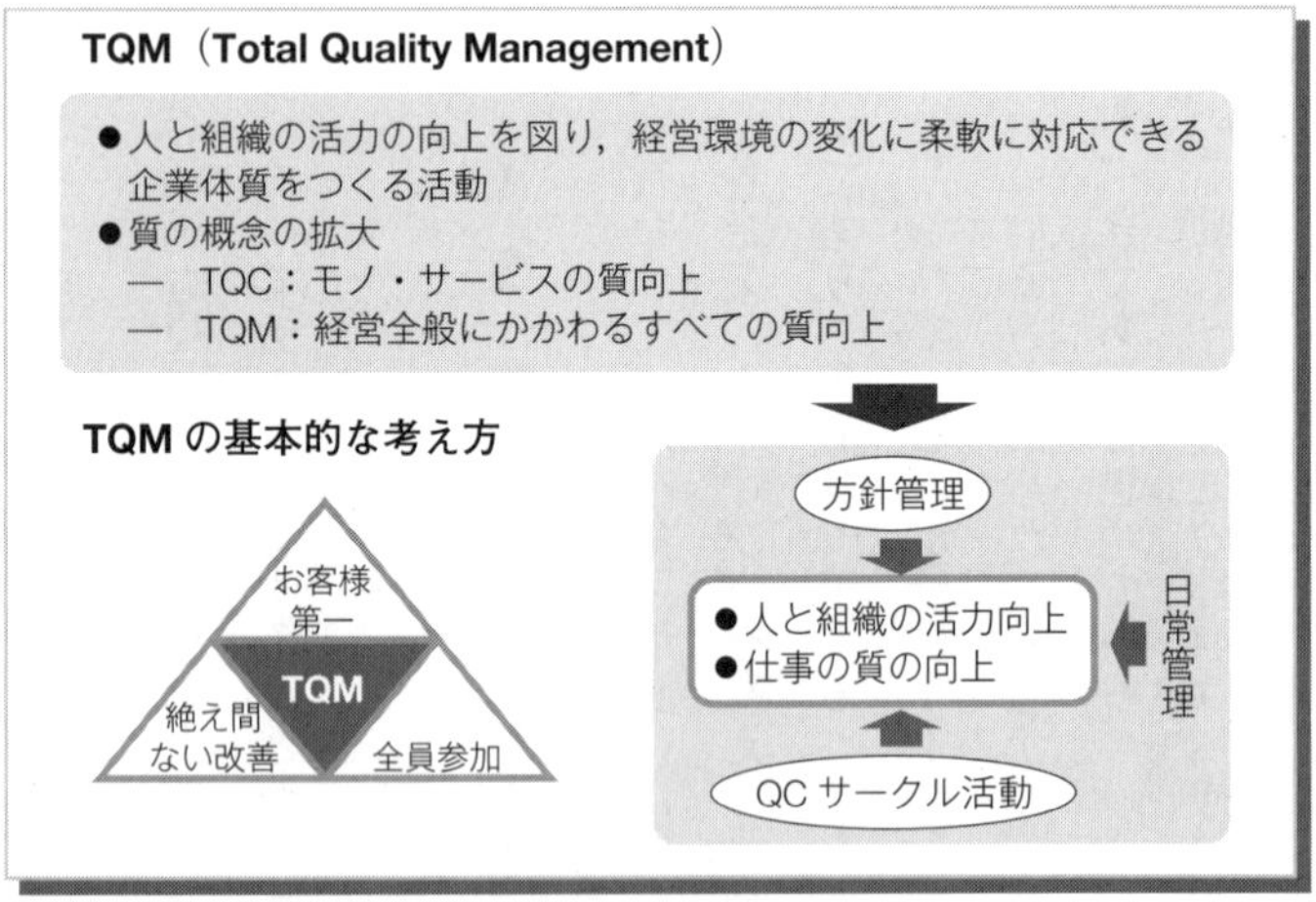
TQM（Total Quality Management）
●人と組織の活力の向上を図り，経営環境の変化に柔軟に対応できる企業体質をつくる活動
●質の概念の拡大
— TQC：モノ・サービスの質向上
— TQM：経営全般にかかわるすべての質向上
TQMの基本的な考え方
お客様第一
TQM
絶え間ない改善
全員参加
方針管理
●人と組織の活力向上
●仕事の質の向上
日常管理
QCサークル活動

図3　TQMの基本的な考え方

づくりである（図3）。

私はトヨタでの晩年、プレスショップ、溶接ショップ、組立ショップ、そして設備保全ショップ、四つの部署を担当してきたが、問題・課題が多くあればあるほど、職場が弱体化し体制も弱くなっていくものである。つまり職場力の低下につながるのである。

問題・課題を改善して職場運営を粛々とこなしていくことは管理監督者の務めである。しかし、なかなか力が足りないこともあり、部下である職場のメンバーを動員してその問題・課題を一つずつ改善してもらうことが必要となってくる。現場のメンバーにはQCサークル活動を、設備保全のメンバーにはTPM（Total Productive Maintenance、全員参加の生産保全）活動やＱＣサークル活動をやってもらい解決につなげるのである。

解決できれば管理監督者は大いに助かる。管理監督者はメンバーに感謝し「ありがとう」というべきである。一方、職場のメンバーもスキル、技能、チームワーク、リーダーシップ、改善力など様々な点で成長し、共に仲間として喜ぶことができるのである。

ＱＣサークル活動の基本理念に三つのことが書かれている。

1、人間の能力を発揮し、無限の可能性を引き出す

2、人間性を尊重して、生きがいのある明るい職場をつくる

3、企業の体質改善・発展に寄与する

こう書かれているがあえて「ＱＣサークル活動は素晴らしいのだからがんばれ」と言う必要はない。上位に立つ管理監督者が常に活動に関心をもって最後まで見守り、プロセスと結果を見た上で「**ありがとう。改善できてよかった。よくなったな**」と言うことこそ一番忘れてはいけない支援の仕方である。

組織力や人づくりは短時間ではできない。小さな活動をコツコツと積み上げていくことでしか築きえないのである。それが結果として、重要なＴＱＭのベースをつくる活動の一つになっているのである。

4・3 続けることは至難の業、常に関心をもて

ＱＣサークル活動についてのアンケートをすると、いまだに「やらされ感」、「自主性に欠ける」との答えが返ってくる。遊びと仕事という雑多な区分けであえていうが、遊び以外は何らかのやらされ感が働くことは当たり前である。人間の本質上、やらなくてもよければ手を抜くものである。

私自身も１９６４年から退職するまでＱＣサークル活動に携わってきた。しかし、すべてを喜んでやってきた覚えはない。やらされてきたと思っているが、手を抜こうとすると周りから突かれ、前に前にと進んできたのであり、後々、結果として会社生活で肥やしになった活動だと認識している。

トヨタのシャシー製造部時代では１０５のサークルの面倒を見てきたが、どのリーダーたちと話しても「やらされてる……」、「シンドイな……」との言葉が返ってきた。**日々声をかけたり、進捗を見て、褒めたり、叱ったりしてきたおかげで何とかがんばって活動をしてくれた。**本質は真面目人間たちばかりなのである。

ＱＣサークル活動がワイワイ、ガヤガヤと楽しくやれている、改善が楽しくやれているとい

うのは、解決するのが割とやさしいテーマのときである。様々なサークルと付き合ってきたが、難しい問題や課題に直面しているサークルは「やめたい、逃げたい」という思いでいる。過去、同じような体験してきた私には気持ちが十分理解できる。

QCサークル活動（そのほか小集団活動）は人づくり、組織づくりに欠かせない大切な活動である。しかし、関心をもたず、上位の管理監督者がメンバーの自主性に任せる、という形で放任していれば必ず衰退していく活動である。

たった一言

「なにやっとるんだ、くだらんこと（三河弁で役に立たないことの意）やっとるの。成果も出ないのに……」

これでジ・エンドである。そのサークルメンバーのモチベーションはさっぱり消えてしまう。管理監督者のモノ言い、行動をもう一度思い起こしていただきたい。

いくら自分たちの職場をよくするためにサークルで改善する、自分の城を守る、といってもなかなか自主性のみに頼ることはできないであろう。やらされ感をもたれてもよいと思う。前述したように振り返る時期に「**やってよかった**」と思える足跡を残すような活動を経験させることが大切である。

また、いかに「**やり続けられる活動**」にするかも大切である。そこでマネジメントの工夫、活動の見える化と定常的なチェックによる進捗推進のフォローを重要視するのである。

4・4 小集団活動への抵抗 —資料づくりや発表会がイヤ—

「自分たちの職場の問題を改善して働きやすい職場、問題がなく品質不良やケガが出ない職場をつくる」、この活動に対して知恵を出すことや協力することをすべての人が拒絶しているのか、と問うとそうではない。活動で嫌なのは大まかに分けて3点あるとサークルメンバーたちは言う。

（1）**皆で集まるがダラダラとしてまとまりがなく仕事で疲れたあとなので早く帰りたい**
（2）**QCサークル発表会など皆の前での発表が恥ずかしく、やりたくない**
（3）**QCの七つ道具など手法がわからず、使えないからサークル活動ができない**

私はこの3点についてわかりやすく解釈をして、部下にわかってもらうように説いてきた。活動の真意を理解し、相手にわかってもらえるように説得、納得、理解させることは管理監督者の大きな仕事であり、役目と思っている。管理監督者は部下に理解してもらうように目線を下げ、話をするべきと思う。

次に、この3点に対して私が言い続けてきたことを並べる。参考になればと思う。

（1）テキパキと会合を進め時間を早く感じさせられるかは、リーダーの事前準備と管理監督者の協力（顔だし）にかかっている。

① リーダーや管理監督者は事前に会合をやることをメンバーに周知徹底させること
② 会合のテーマを伝えておき、全員発言など約束事を決めておくこと
③ リーダーはその場の雰囲気を読み取り、時間配分をして早く終わらせること

これらをうまくやれるリーダーを養成するために、管理監督者は会合の前にリーダーに対して事前レクチャーをしなければならない。会合にも時には参加して自分の目で確認、進め方などを熟知していないリーダーがいれば、個別に呼んで進め方のイロハを指導したりする。体験の中から指導する人材育成の方法である。

リーダーの進め方、心構えで会合はスムーズに進むのである。

（2）QCサークル発表会など人前での発表は足がすくんでやりたくないものである。

私が面倒を見ていたサークルのメンバーも同じ思いで嫌がっていた。そういったメンバーに

は、不謹慎かもしれないがこんなたとえを皆に言っていた。「人前で話をするチャンスは必ずやってくる。それが両親の最期を送るときとか、親として子ども会の役員として話すときとか、年をとって町内会の役員としてなど……**嫌でも人前で話さなければならんことが起きるぞ、今のうちに練習と思って一度は経験せよ**。特に親が高齢なら早く経験しておけ」。

いつもブラックジョーク的に言っていたが、実際このような場面に立たされた部下が体験したことをここで紹介したい。

サークルリーダーをしていた部下が父親の葬儀で泣きながらであったが立派に参列者に挨拶をした。私も泣きながら部下の挨拶を聞いていた。数日して彼が私のところに来て「平井さんはいつもバカなことを言うな、と思っていましたが、サークルの発表よりもっとつらかった。でも人前での発表が経験できていたので何とかがんばって挨拶したつもりですが、ちゃんと挨拶、できていましたか?」と質問をしてきたとき、私は思わず涙ぐみ、「よい挨拶だった。きっとお父さんも喜んでいるぞ」と言った。彼こそ発表の真の意味を理解していたと思う。今でもときどきこのことを伝え、発表のためだけとは違うことを言い続けている。人生の勉強の場でもあるのだ。

人前で話すことは経験することで人生の幅が広がる。はじめから弁士はいない。

（3）　ＱＣ七つ道具を知らないのでＱＣサークル活動ができない、わからないとの声が多い。こんなことを言う部下やメンバー、はたまた管理監督者が多いが、この方々はＱＣやＱＣサークル活動の目的や意義を心底理解していないのではないか。

たしかにＱＣ七つ道具を使って問題を解析したり、データでモノを言ったりするのは大切で当初は報告書にいくつの道具を使ったかなどで評価もしたが、それは当初、統計学を熟知していない日本にデータでモノを言う、解析することを理解させるために教えられてきた歴史がある。発表会などでＱＣ七つ道具が使われているとか、使い方が悪いといった指導が多く見受けられたために、ＱＣ七つ道具至上主義に走ったような面もあるように思う。部下に対しては手法を教えるより、この活動は何を目的にしているかを理解させることを重点に指導するべきである。

前段でも述べたが**この活動は自分たちでできる職場の問題・課題（品質不良や災害の発生、やりにくい仕事、ムリ・ムダ・ムラの撲滅）をなくして、働きやすい職場をつくることである。**現地現物で事実を確認して一つひとつを**「なぜだろう」**、**「どうしたらよくなるか」**と皆で知恵を出し合い、考え、実践することである。ぜひ、そう説いてほしい。発表会をすることが目的ではない。職場で活動することが大切であり、その活動を職場内で報告しあって相互研鑽《けんさん》して

1 身近な問題解決により、自分の成長と仕事がしやすくなる。
仲間と共に知識・技能が向上する
グッドアイデア!
アイデア
改善等を通じ、達成感が味わえる
仕事にやりがいが出る
がんばりが認められる
改善等を通じ、自信ができる
皆の前で発表する機会があり、自信・満足感が味わえる
ガンバレ○○
2 コミュニケーションのとれた明るい職場になる。
同じ職場で働く人たちと話しやすくなる
協調性が生まれよい人間関係が築ける
自分の発言を聞いてもらえる
協力しあえる
お互いを理解できる
相談ができる
3 チームワークのよい職場となり、働きやすくなる。
失敗は成功のもと!
同じ目標ができ心が通いあう
信頼される
団結力が生まれる
仲間ができる
意識（ルール・マナー）が高まり、安全で身の周りもきれいになる

図 4　QC 活動のうれしさは？

いただきたいのである（図４）。

まずは、ＱＣ七つ道具を使わずとも事実を報告する。報告について文章ばかりでは見にくくなるので、管理監督者がグラフを使っての解析や表現の仕方を指導する。つまり、ＱＣ七つ道具をうまく活用することの指導になるのである。順序立て、教えられた人の胸にスーッと入る手法の使い方の指導を取り入れることが重要であること、肝に銘じておいていただきたい。

管理監督者こそが手法を知り得て指導に当たるべきであり、勉強しておく必要がある。そして、ＱＣ七つ道具やその他の手法の使い方を指導するときには、「**活動の目的・心**」をぜひ教えていただきたいと思う。

苦しく、大変ではあるが、後々やってよかったと思えるときが必ずやってくるのである。

第5章

上司の関心・部下の関心

―問題の共有化―

工長時代

5・1 部下の前で自分の考え方を語ったか？　夢を語ったか？

私は、新任課長が社内で受ける課長研修の講師を5年間ほど担当していた。現場系の部署を受けもつ課長たちが毎年100名ほど受ける教育であったが、現場の工長（係長と同等で現場のたたき上げ）から昇格した課長や、大学卒で技術畑の担当員（係長）から昇格した課長など、様々であった。課長に昇格してから5か月ほど経過しているが、なかなか課長として課の運営が軌道に乗らず、やきもきしている心理状態の時期の教育であり、悩みも出てくる時期でもある。皆真剣なまなざしで受講していた。多くの課長は年度初めに課の方針や上部方針を部下に流し、与えられた使命を全うしようとがんばっているものの、部下とのベクトルが合わずに、いかにまとめていくかで思い悩んでいる課長も見受けられた。

工長・係長のときは同じ目線で皆、仲間的感覚をもち、話をしているのが、立場が変われば無理も言わなければならず、部下には苦労をさせることが出てくる。自分なりにがんばってみたところで部下は従ってくれているのか？　理解しようとしていないのか？　なかなか見抜けずに一人悩む時期でもある。自問自答しながら取り組んでいるが、このころに5月病的迷いが派生してくるのである。

私はいつも一つのことを言い続けている。新しい職場を担当したら部下の前で「**自分の考え方を語れ、夢を語れ**」と言っている。

課長として課の方針管理について指示したり、上部方針などを語っていたりしていると思うが、このことは今までも長年やり続けてきていることであり一度や二度では浸透もしないし、全体像などすぐ忘れてしまう。課長になったら初心として、どのような課にしていきたいのか、今おかれている自分の課の使命と行きつくところをどのようにしたいのか、を腹の底に落とし込んで自分としての考えをつくっておかねばならん……と思うのである。

ただし思っているだけでは誰も追随してくれないし、協力援助も薄れているのであるから、**部下の前で新任になった自分の考え方、やりたいこと、上からのことは噛み砕いて自分のものとして進むべき道を語れ**ということである。新任であれば、その職位では一番能力が低いのだから、すべてに長けてやろうと考えるよりも、何か一つを達成してやろうというくらいの気概で臨むべきである。一つできれば、次に進むというステップを地道に、愚直に、突き進むことである。

今までの同僚が部下になり、お手並み拝見と見ているときに、一番大切なことは情熱をもって進むことである。部下は上司が熱意をもって進もうとしているのか、言われたことのみ体裁をかまってやっているのか、行動すべてを見てこの上司についていってよいものか、悪いものかを判定して仕事をしているのである。苦しいときは苦しいと発信し、協力を要請する。楽しいときは喜びを共に分かち合おうと語りかけてくる。そんな上司を見て職場の部下はついてくるのである。

「管理監督者を見ればその職場の体質が見える」といわれるように、その職場は上司の姿勢で決まるといっても過言ではない。

これは、どの職位にあっても、新任になったとき、職場が変わったとき、心しておいてほしいことである。部下はその姿を見て理想像を描き、将来の姿を重ね合わせているのである。上司の背中を見て部下は学んでいるのである。ここに日本的な無言の指導方法が生きているのである。

2011年にサッカーの女子ワールドカップで優勝した「なでしこジャパン」のキャプテンである澤穂希選手が、後輩が悩んでいるときに**「悩んでいたら私の後姿を見なさい」**と言ったという。素晴らしいリーダーであると思う。18年間、自分の姿を描きつつ、夢をもって進んできたその姿の中に後輩への大いなる指導・教育が秘められているのである。情熱をもち、進むべき目標を共有化するようにその姿勢を見せることが、今必要になってきているのである。

5・2　上司の行動・心構えで職場が変化する

優秀な上司でないと職場がよくならない、いろいろな目標が達成できないと考えることは、すぐにやめるべきである。確かに優秀であることは必要ではあるが、皆から優秀だ、素晴らしいといわれるとついつい部下に対してあれもこれも指示をしたくなり、挙句の果てにはすべてを仕切って自分の思うとおりに事を進めようとする。この場合の優秀とは何を基準に優秀というかである。知識・技能、あらゆる面での優秀さを兼ね備えていなくても、人の上に立ち、職場をよくしていくことは十分に可能である。

能力が長けており、部下にテキパキと指示を出し、思うように職場を運営しているような職場でも、ややもするとこの職場は上司の能力以上の活性化した職場にはならないことがある。上司はすべてにおいて仕切らなければならないと考え、疲労困憊し、挙句の果てには一人悩んで苦労している。そんな姿を見たことも多々ある。

私は現場のプレス加工を担当して監督者・管理者と昇進していったが、ライン作業を中心に従事していたため、課長になったときにはプレス技術や型構造、設備問題などの面は熟知しておらず非力であった。毎日の出来事が勉強、冷や汗のかき通しであった。問題が発生するたびに知らないことが発生し、悩み悩んだ挙句に到達したのは、部下を信じてその能力に賭けることであった。

それぞれの分野で日々研鑽し、問題や課題に挑戦し、レベルを上げている部下に問題解決の重大性を説き、今やらなければならない重点指向を伝え、チャレンジすることを説くのである。その活動の中において常に現場に自らが出向き、進捗を見つめ、プロセスを見続ければ、今以上に人は成長し、部下一人ひとりが羽ばたくのである。

人の能力は無限で測りしれない、部下一人ひとりが101%でも110%でも能力を出す集団となれば、職場は盤石となり何事にもチャレンジする組織集団が生まれ育つのである。上司として部下を信じ、一人ひとりが前に進むことの後ろ盾になることを使命とし、職場運営に取り組むことが大切である。**人を育てる優秀さ**が必要となる。

5・3 「褒めたり」、「叱ったり」できる職場をつくれ

トヨタに在籍中、部下の管理監督者に部下をきちんと「褒めたり」、「叱ったり」しているか？と問うたことがある。

ある管理者は「自分の部下は出来が悪いのでいつも叱ってばかりだ、褒めることがあまりない……」という返事が返ってきた。確かにその管理者はいつもガミガミ言って部下を叱り、何とかよくしようと指導しているつもりでやってはいるものの、部下からは煙たがられ、あまりよい評価を得ていなかった。本人は指導しているつもりであったが職場としては活気がなく、その上司に対する愚痴も多く、人を育てる雰囲気には程遠い職場となっていた。

人間は甘やかすとどこまでもだらけるので、厳しく育成することは大切であるという人がいる。スポーツの世界のように、目的が優勝するのだ、メダルをとるのだと全員同じ目線での考えであれば、厳しく鍛えそれぞれを成長させることはできる。しかし、企業で働く人々の心の中での目標は必ずしも一枚岩ではない。部下を叱って伸ばそうとするより、私は褒めて伸ばすことに重点を置いて指導してきた。人間はいくつになっても褒められればうれしいもので、次へのチャレンジ精神が生まれてくる。これを活用して人材育成をするのである。

高齢の方でも外に買い物に出かけるときには身だしなみをきちんとして人目を気にして出かける姿をよく見受ける。家から一歩出たところで知人に出会って「**お洋服のセンスがよく、よく似合っていますね**」と言われたときには、その後の足取りも軽やかで胸を張って歩いている。褒められた効果である。逆に満更でもなく思っていることを否定されたり、ケチをつけられたら、ショックであり心中穏やかではいられない。嫌なこと、失笑されることで傷つき戦意喪失である。

部下のよいところを見つけたり、何かで成果のあったことを褒めたりすることは、やる気の醸成には欠かせないカンフル剤なのである。

「褒めちぎれ……とは言わないが少しは部下を褒めろ」と、厳しくしつけている管理者に言ったことがあるが、その管理者は「俺の部下はあまり褒められるヤツがいない、いつもチョンボ（失敗）ばかりして困ったもんだ」という答えが返ってきた。そのような部下をもった場合に、次のような「叱り方」、「褒め方」の提案をしたい。

① **失敗など謝りに来た部下をクドクド、長々と説教することをやめる**

ついつい感情に任せて嫌みの一つや二つも言いつつ、長々叱っているが効果は低い。

② **手を握って叱れ……という言葉がある**

握手をすると人の温かさが伝わってくる。私は握手をして叱ったことはないが部下の肩に手を置いて短時間で叱ることを心がけた。

③ **最後に叱られたことを知らしめる**

男社会での指導であるので、口で言うより尻を叩いて、しっかりしろと叱るのである。

女性の場合はポンと肩をたたき「がんばってよ」と檄《げき》を飛ばすようにした。

しかし、もっと大切なのが、その後である。「**叱った人を褒める**」のである。失敗などをして叱られた人はショックもあり憂鬱《ゆううつ》になる、仕事に自信がなくなりクヨクヨ考え、また次の失敗へと連鎖反応が巻き起こる。負の連鎖である。

④　叱った人を翌日には褒めに行く

失敗した人は、翌日は同じことをしないように万全の注意で仕事をしている、その姿を現地に行き、確認して一声「**シッカリ仕事をしているなぁ、その仕事に期待しているからがんばれよ**」とかけることが大切である

褒めることは認めることである。仕事ぶりを褒める気になれば、褒めることはいくらでもあり、やる気にさせることはいつでもできるのである。

⑤　失敗を隠さず報告する姿勢をもたせる。謝ることを教えるのも上司の務め

職場の先輩やリーダーたちは部下に対し、失敗したときに上司へ謝ることを指導することが大切である。失敗が上司にバレないかと日々心配して仕事をしていれば、必ず次の失敗へとつながっていく。そのときは上司に謝り、翌日仕事ぶりを認めてもらうようなプラスへと転じる状況をつくることが重要である。

褒めることには、次の失敗を歯止めする大切な役割が含まれている。

5・4 管理者が自ら5現主義を実践せよ

現地・現物・現実・原理・原則といった5現主義、3現主義が世に出て長い年月が経っており、誰もがこの重要性は知っている。私も幾度となく上司に叱られたことがある。今までの勘で推測して現場を見ずに判断して失敗したこと、忙しさのために理屈を重ね、報告を鵜呑みにし、取り返しのつかない失敗も経験したこともある。

ある上司に仕えたとき、安全の点検の後「**あそこの悪いところを次回私が来るまでに直しておくように**」と言われたことがあり、「わかりました」と答えた。1週間があっという間に過ぎ去り、その上司が再度来る前夜に慌てて改善し、ペンキも塗りたての状態で、点検を受けたことがある。

そのとき上司が言ったことを今も忘れていない。

「**バカ野郎！ 言われたらすぐにやれ、慌ててやった日までの安全はどう保障するんだ！**

何もなかったからよかったが」

こぶしを振り上げる素ぶりを見せた後

「**昨夜慌ててやったことは見ればわかる、改善したことだけは評価せなアカンな（評価しなければいけないな）**」

と言って軽く肩を叩いてくれた。現場を見てシッカリと指導することを教えてくれたこの上司は、後年あるグループ会社の社長に就任した、私が尊敬する心のある上司であり先生であった。

私が現場を見ていたときは場所が本社工場だったので、役員の方もたびたび見に来られることがあった。もと職場の大先輩で副会長までなった方であるが「ちょっと時間ができたので現場を見に来た」と言って私の担当する現場を観察されたのである。30～40分も現場を見れば4、5回ほどのお叱りやらご指導がある。現地現物で待ったなし。ありのままを見てもらうから悪さも見える。このことは現場にとっては厳しい指摘もあるが、改善することで真をついた対策に結び付くから結果もよくなる。予告して見るのではありのままの姿が見えなくなり、真実が隠されてしまう。「**表面を飾ろう、悪く思われないようにしよう**」と思う心が、働きの悪さをカモフラージュする心が働くのが人間の本質である。

現場観察のときは厳しく指導されるが、帰り際にはいつも同じことを言われたのを忘れない。

現場は生きておるぞ、大変だけれどがんばれよ。

叱られてもうれしいとはこの言葉があるからであり、これらを肝に銘じて私も行動の中にこれらを引き継いできた。

「現地」、「現物」、「現実」を自分の目で見てシッカリと確認せよ。

そのことが理論的にも技術的にも、理にかなっているか

「原理」、「原則」に照らし合わせて検証せよ。

時間をつくり、現場を視《み》る（現場を観察する）。自らが目と耳と手と足を使い、その後に頭で考え、口で伝えること。そうすれば部下からの信頼も信用も必ずついてくる。

5・5 聞く、任せる、知らせる、認める ―聞き上手は仕事上手―

「部下からの評価点の高い人とは？」と質問すると、よく話を聞いてくれる人との答えが返

ってくる。仕事においても日常においても、人の話を聞くことは同じ目線に立つことである。指示をし、命令を出すことは上司として当たり前のことであるが、これらはすべてやらされることにつながり、部下の気持ちとしては受け身になる。

部下の意見や考えを聞いて、その中から納得する方法や話合いの中から理解した方法を導きだし、実効策を示せば自分の意見が取り入れられたとの思いで、心から仕事を始めるのである。一時でも同じ目線で物事を考え、思案する姿勢は上司にとって部下のやる気と成功への近道といえるのである。

私の知人がある会社の役員として出向いていたのだが、その会社の社員からの人気が非常に高かった。当人に「皆さんから素晴らしい人といわれているね」と言ったら彼はこう答えた。「**はじめはそうでもなかったが今では部下がよく相談にくるよ。いろいろなことで相談に来るのだが、どんな方策がいいのか考えて迷っているのだから、僕はその策を指示したり、手直ししてやるように背中を押しているだけだよ**」と言って笑っていた。

人の話をしっかり聞くことができるかどうかがすべてのスタートであり、聞いて決めたら、後は本人に任せることが肝要である。上司が部下に仕事を「**任せる**」ことは楽なようであるが、これこそ忍耐である。仕事の進み具合や失敗の心配、挙句の果てには自分がやった方が早いと思って仕事を取り上げる人もいる。こういう人は部下の経験と成長を阻害する上司である。

第2章でも述べたが「**報・連・相**」を部下にすることも重要で相通じるものである。その時々の情報を担当者や部下全員に「**知らせる**」ことにより的確な判断をさせることができる。部下を信じ、期待して仕事を任せたことを「**認める**」のであるから、上司たる管理監督者は部下の能力を知っておかなければならない。

個人のレベル把握を知る必要がある、今ではコンプライアンスの面からいろいろな束縛があるが、私は部下個人のあらゆる面を把握することは悪いこととは思っていない。そのことをいかに活用し、個人にとって不利益にならないようにしていくかを考えるのも管理監督者の使命と思っている。仕事の能力から性格、気質、現在の生活面、過去の業種や実績などが違う人々を束ね、一丸となって業務遂行するには細やかな管理が必要であり、それは各企業により帳票が違っても、やられていることであろう。

個人攻撃したり、悪用したりすることは断じてしてはいけないが、私は現場の課長をしていたときには各人の血液型まで把握していた。性格の組合せで職場がうまくいくこともある。血液型の性格判断が本当に当てになるかはさておき、何も知らないよりはこれをネタに「**君たちは相性がよい、うまく職場運営ができる間柄だ**」と言って話せば、何とはなくそのようになっていくものである。

部下を信用、信頼し、仕事を任せること、常に接点を保って現場を見て回ること、会話してお互いをつないでおくこと、空気を読み、匂いを嗅いでいなければならないのである。

すべての答えは現場にあり、職場に、部下に関心をもつこと。

部下は上司の背中を見、行動を見つつ、育っていくものである。

第6章

コミュニケーション……できているだろうか？

新入社員を迎えて

6・1 部下と話をしているだろうか?

会社における上司と部下のコミュニケーションは上司が現場に出て、いろいろなことを確認したり、話し合ったり、叱ったり、褒めたり、日頃の仕事の中での事柄を情報交換することが基本になっている。しかし、今の世の中はそれぞれが忙しく飛び回り、ゆとりがなく、要点のみを伝えて根底にある心に伝わる仕事の伝え方、相手を思いやる心、部下を育てようとする真意までもが伝わらない上っ面のコミュニケーションがまかり通っている。

私は日本人のコミュニケーションのとり方と外国人のコミュニケーションのとり方では若干の違いがあるのではないかと思っている。イエス・ノーをはっきり言いながら核心部分を伝えたり、何事もストレートに要件を言ったりしてコミュニケーションをとっている外国人のやり方はすごく物事が早く伝わるが、日本人には向いていないと私は思う。

これは日本語の言葉の使い方、心理の応用、あいまいの中に感じてもらう言葉、そしてあまりにも多い同じような表現を示す言葉。それらをうまく使って相手を動かす、理解してもらうように話すコミュニケーション、鎖国を経て武士の感性から庶民の感性をブレンドしてつくり上げられてきた日本人独特な文化的コミュニケーションがある以上、私たちは、この心を知って人と人のつながりを構成していかなければならない。

部下との会話でも要点のみを伝えていればコミュニケーションではなく伝達であり、伝えたことのみ進行する殺伐とした社会・会社となっていく。部下の性格を知り、相手を思いやりながら言葉を選んで会話することができてこそ、そこに信頼関係という本来のコミュニケーションが培われるのである。

6・2 暗黙知の中でのコミュニケーション

「あの野郎、おれは気に食わないよ」こう念じて相手を3日も思って眺めていれば、必ず、相手からも「あの野郎……俺のこと嫌っているな」と同じ思いになるものである。

人の心というものは以心伝心なのである。嫌いだ、嫌いだ、嫌いだと念じれば不思議なことに相手からも同じ「念」が伝わってくる。これとは逆に少しでも相手のことを理解しようと性善説で念じ付き合っていると、不思議に相手からも信頼の念で付き合ってくれるようになるものである。

私はこれを「**暗黙知のコミュニケーション**」といっている。人とのコミュニケーションの中で一番基本にするべきことである。

管理監督者としての立場からも部下とのコミュニケーションでは一番大切なことだと思っている。部下の行動を見て部下を信じる、期待することと信頼することにより心の中での暗黙知のコミュニケーションができるのである。だからこそ仕事に対する心構えも違ってきて、よい関係の歯車が回り出すのである。上司との場合も同じことである。こちらから話しかけたり、接点をもつことはなかなか難しいが、上司の思いを感じたり、どのように対応するかを考えて対処するかにより、上司からの評価というか、信頼ができてくることは口でとやかくお世辞を言っているより、ずっと正当性が生まれてくる。

人間というものは、相手の顔を見て話をしたり、声が聞こえたりするところでは他人の悪口などを言う人は少ないが、その人がいないときには往々に言ってしまうものである。しかし「**ここだけの話**」といって悪口を言えば、必ず相手にこのことが伝わり、信頼関係も信用もすべて消え去るものであること、私も苦い経験を何度もしてきた。その中で悟ってきたことは部下の悪口を極力言わないこと、さげすむようなことはしないということである。

管理職になったからといってすべてに長けて何事もやれるわけではないので、心したことは部下を愚弄しないこと、信頼する、信用しながら仲間としての人格を尊重して、何事も自分から進んで「報・連・相」をすることである。

上司の考えを部下に理解しやすく報告し、今出されている課題を伝え、進むべきことを共に考え、実行していくことは大切なことであり、その結果の実績や成果はすべて自分一人がなし得たものではないと思うべきである。部下がやってくれたこと……と思い、上司に報告すれば必然的に自分の部下の評価は向上、笑って過ごせる職場ができるのである。

そうすることにより、「**暗黙知のコミュニケーション**」から「**信頼のコミュニケーション**」に移行するのである。

6・3　人を見て、法を説け

仏教の世界では「**人を見て、法を説け**」という言葉があるが、これと同じことが職場の中には多々見受けられるものである。

「十人十色」というがごとく、部下一人ひとりは思いも考え方も違っているのが当たり前である。しかし、何を進めるにも受け止め方や感じ方が違う部下に対して一辺倒の指示や命令をしても、連結列車はパワーを出しきれないものである。部下の性格や置かれている立場、環境を考えて、指示命令を出さなければならない。しかも物事を理解して、納得してやってくれているかがカギになるのである。ここでも職場内での話合いができている職場か、意思統一が弱い職場かがすぐに露見してしまう。

会社とは縦社会であり、管理者から監督者へ、そして順を追って一般の技能員へ指示が行くが、それぞれの人に真意が伝わるように一人ひとりの個性を熟知して話しかけなければならないのである。

能力や考え方、理解の仕方などを加味して同じ事柄でも言い方を変え、理解させなければ仕事はうまくいかないのである。上司は部下をいかに動かし、与えられた任務をこなすかである。日本電産の永守重信氏が『**人を動かす人になれ**』という本を書かれているが、この本の中でも人を命令で動かすのではなく、相手を尊重して方向性を導き出し、考えを問いながら、進むべき道を諭《さと》す、人材育成の境地を語っている。

私も声の大きな人、あまり的確に答えを出さない人、口には出さないがコツコツ与えられたことをやり続けている人、何を頼んでも文句を言ってからやる人、いろいろな部下と付き合って仕事をしてきた。一つのことをするにも相手と腹を割っていろいろなことを話し、理解し合っていかなければ物事は進まないし、部下の育成もできないのである。

部下の性格や職場での夢や希望、不満や意見、すべてにおいて話し合いながら探っていかなければならない。その先には管理者としてそれぞれの部下を成長させる、育成していく義務が存在するのである。上っ面のコミュニケーションでは人は育成できないのである。

6・4　本音の話合い

様々な場で論議する中で「本音の話合いをすることは大切である」との言葉を聞くことがあるが、職場の中でも世間一般でもつい本音を言ったことによって仲間割れのもとになったり、信頼をなくしたりすることが多く見受けられるものである。飲み会などでは上司から「今日は無礼講で行こう、言いたいことは何でも言っていいぞ」と言われ、酒も手伝いつい本音で愚痴やら不満、挙げ句の果てには上司批判……気がついたら気まずい雰囲気……こんなことは日常茶飯事である。

私は、本音の話合いをやろうと言ったときには、一定のルールがそこに存在することを感じてほしいと思っている。上司と部下、同僚に対しても同じであり、相手を尊重して、失礼のないように心配りをして、話をする、論議をするべきであり、何を言ってもよいということではない。

思ったことをストレートに言えば、心を害することはいくらでもある。相手の立場や考え方、そのときの心境などを加味して、**本音に近いことをタイプに合わせて、やんわりと言ったり、諭すように言ったり、考えさせるように言ったりすることが大切**である。

あとあと、部下への指導や対人関係の参考になるように、気づかせ、考えさせるように指導していくのである。

私も工長時代には上司に対しても部下に対してもすぐ本音を漏らし、突っかかったり、勢いに任せて話をしていたときがあった。今は亡き当時人事を担当する役員で尊敬する恩師に叱られた思い出がある。

「**平井、本音で話をすることを悪いとは言わないが、自分だけの本音が通ると思っていたら大きな間違いだぞ。相手を怒らせたり、不安になるような言い方は、〝本音だから〟では済まされんぞ。思いやってこその本音があるのだ**」

本音の部分を感じさせ、言わんとすることを匂わせながら、大人の言い方をしろ、と言ってくれた恩師は人への意見も諭し方も素晴らしい方で、尊敬して付き合わせていただいた。この方の後輩たちがその後のトヨタの中で多くの人材を育成していく核となってがんばっている、思えばこれがトヨタの人材育成、ＤＮＡの伝承であると思う。

私が課長になったとき、「平井よくがんばったな、これからはトヨタに恩返しをしろよ、部下のおかげで今があるのだから、しっかり面倒を見てやれよ」声をかけていただいたことは今でも忘れない。叱られ、認められるコミュニケーションがあったからこそ、今の自分があると信じている。

6・5　人は心で動く、心の反応を見よ

今どこの会社に行ってもどうも人間関係がよくないとか、上司が理解してくれないとかコミュニケーションの悪さを言う方々がたくさんいる。

仕事の中でのコミュニケーションであるから命令や指示、上から下への伝え方があるのは当たり前であるが、何か感情をなくして事務的に会話が進んでいるのではないだろうか。人というものは時には愚痴を言ったり、要望を言ったり、かなえてもらえないことであっても言ってみたりする。他人から見るとくだらないことを言っていることもある。しかし、言ってしまうと何か心の中の膿《うみ》を出してスッキリしたように思え、前に進める場合が多い。

では、部下が気分を変え、気持ちよく仕事をやるような雰囲気にするにはどうするか。職場内の空気をよくしなければならないのであるがなかなかうまい手はない。上に立つ人の心構えと努力でやるしかないのである。私のやり方は自分流に時間をつくり、会話をすることに重点を絞って部下の反応をよく観察してきた。心根を探って指導するタイミングや理解しやすいような言葉で指示をしてきた。

部下の発言を聞こうとしたら徹底して聞くことが大切である。以前にも述べたが、聞くということはエネルギーが大変必要である。つい説教じみてこちらの意見を言ってしまうことがあるが、これはやめなければならない。**上から目線**での物言いは厳禁である。これでは部下のストレスがたまり、「あの人には相談に行けないぞ」となってしまう。

ミヒャエル・エンデの『モモ』という本がある。この主人公のモモという女の子のそばには多くの人たちが心の安らぎを求めて集まってくる。どんなに素晴らしい特技をもっているかというと、ただこちらの話を反復して聞いてくれるだけなのである。

あるサラリーマンが疲れ果ててモモのそばに座り、（要約すると）こんな話をするのである。

サラリーマン「今日はおじさん仕事が大変で疲れたよ」

モモ「そうなの、仕事が大変で疲れたの…」

サラリーマン「大変だけどまた明日もがんばらねばね」
モモ「じゃあ、おじさんは明日もがんばるのね」

この男は何かすっきりしてがんばれると思うようになる。大人も子どももロマンチストで夢がもてそうな気分になったとき、心がなごむのである。

私も常日頃、いろいろな言い回しをするが本音を言いつつ、状況や考えを説き、相手の気持ちを理解しつつ物事を進めるように時間をかけてきたつもりである。すなわち、自分の忙しい時間を削って相手との時間を確保するのである。

何をするにも指示や命令を出す側がじっくりと考え、部下が納得して物事を進められるように事前努力をすれば、往々に理解してくれ、仕事は進むと信じている。管理監督者になればいろいろなことを考え伝えていくのは仕事であるが、部下が失敗をしないようにしっかり考えを地につけて全力で行動できるようにすべきである。

管理監督者は物事を考え行動するとき「烈しく考え、優しく説くこと」これが必要である。そうすれば部下の心根が見えてくるし、部下もこちらの心を感じて仕事をこなしてくれる。

「人は心で仕事をしてくれる」のである。

6·6 話合い制度の確立 ―真面目な話合いの場をつくれ―

時代は走馬灯のように速く進んできた。一昔前は会社に行って仕事をして、帰り間際に休憩所でコーヒーを飲みながら仕事の話や先輩からの忠告、訓示やら上司批判などして憂さを晴らし、「また明日もがんばるか」と言って別れたものであるが、今では時間管理が厳しく、仕事が終わればすぐに職場を去らなければならない時代となってしまった。

時間と金が連動し、ドライに物事を考える欧米スタイルであると私は思っている。これも時の流れ、時間を大切にすることは重要であるが、変化したことにより失ったものも多くある。人との会話、心の交流が薄らいできていることは否めないのではないだろうか。仕事をする上での会話が少なくなり、仕事が終われば「ハイさようなら」……家に帰って人生の話はいつも同じ相手……刺激や進歩を望む方がちょっと難しい。

年金がもらえる65歳になるまで元気に仕事をするとしたら会社生活は42～47年ほど過ごすことになる。その間出会う人たちといろいろな話をし、学び、人生を語ることを放棄したら、人としての成長が阻まれるかもしれない、少しさみしい気がする。せめて会社生活の中で一般的な会話が少なくなってきた今だからこそ、よりコミュニケーションを深める会話の場をもたなければならなくなってきた。

私が工長か課長になった頃、このような時代が来ることを見越して社内に「**話合い制度**」が導入された。私たち現場を受けもつ人間は昔からの感覚でよく話をし、部下の言い分や人生などいろいろなことを話し合っていたので、このときは「人事はくだらないことをやり始めた。現場の中でお互い話し合わねば何も進まん。きちんとやっているのに」と思ったものだった。しかし、コミュニケーション不足の時代を迎えた今からすると、この制度の必要性に気づき、先取りしたことは素晴らしかったと思う。

仕事中の会話やゆとり時間での会話も少なくなり、自分勝手に行動する文化が世にはびこってきた今、仲間を大切にして相手の身になって考えることの重要性が高まってきている。この制度は簡単にいえば、年に2回、上司と部下が30分の時間をもって希望や期待、悩みや喜び、達成感をもつことなど、仕事面から人生についてまでを話し合うのである。

きちんとした履歴や指標をもとに話し合ったことを記録し、お互いを尊重しながら心の対話をすることを主としている。30分の話合いをするだけのように見えるが上司は部下を観察し、お互いを認知して臨まなければよい話合いの結果が生まれてこなくなる。この結果、常日頃のコミュニケーションを深める面も兼ね備えているので、ぜひ参考に皆さんも実践してほしい。

6・7 リーダーに必要なコミュニケーション10か条

私は社内のマネジメント誌にコミュニケーション10か条を寄稿したことがある。体験の中から悟ったことでもあるし先輩諸氏から受け継いできたことも含まれるが、人間の心を感じながら付き合ったり思いやったりする心があれば、よいコミュニケーションがとれると信じている。部下や同僚・上司も皆よい人だ、悪くなるのは自分が至らないせいではないか、との反省と自責の心で物事に当たれば、すべては解決できると思っている。

今まで述べてきたこと、これから述べることなどと重複するかもしれないが、コミュニケーション10か条という書き方で皆様にご披露したい（図5）。

図5　コミュニケーション10か条

① 部下の個性を把握するべし
② 日々、部下・メンバーに感謝すべし
③ 部下の悩みはしっかりと聞くべし
④ 現場（職場）を回る時間を確保すべし
⑤ 人を好きであれ（自分の後進を育てよ）
⑥ 部下の叱り方
⑦ 褒めることは非常に重要である
⑧ 部下からのボトムアップを生み出せ
（環境づくりは上司の役割である）
⑨ 貪欲に勉強すべし
⑩ 人の気持ちを察するべし

①　部下の個性を把握するべし

今は多様性を必要とした世の中である。部下の個性を殺すリーダーには辞めてもらわないといけない。部下の個性を活かすリーダーにならなければいけないのである。そのためには一人ひとりの部下の個性、性格を知ることが第一歩であり、そうした能力を身につける必要がある。これは誰かに教えてもらって身につくものではなく、リーダーの努力次第で何とでもできることである。大事なのはそういう意識をもつことである。

②　日々、部下・メンバーに感謝すべし

私がいろいろ活躍できたのは私のブレーン・部下・職場のみんなが素晴らしかったからだ。それを総称してリーダーの私が褒められただけであり、その点を勘違いして有頂天になると逆に周りから総スカンを食ってしまうことになる。

したがって、褒められたときには現場に行って関係者に感謝の言葉をかけることが第一だ。

③　部下の悩みはしっかりと聞くべし

管理職になったからといって、机に座って「お前、あれやれ、お前、これだ」と人をアゴで使うだけでは将来大きくなれない、人望もなくなる。

仲間や部下と一緒に考え、一緒に苦しんで、共に仕事をすることが大事である。

「こんなことは当たり前」という部分でも部下は真剣に悩んでいる場面がある。そのような場面こそしっかりと話をし、救いの手を差し伸べることこそコミュニケーションの基本である。

④　現場（職場）を回る時間を確保すべし

サラリーマン川柳に「ムダ会議　なくすために　また会議」という句があった。

目的を見極め不要な会議をやめて現場に出ることをお勧めする。以前、職場である課長が、会議設定を行った部長に対し「部長、その日時は現場を回るために確保している大切な時間だから会議を入れないでほしい」と言ったことがあった。部長は「わかった、この時間帯には今後会議は入れないし、余分な会議はやめにする」と答えていた。具申した課長も立派だが聞き入れた部長も立派である。現場をもっている職制は現地現物が第一である。

⑤　人を好きであれ（自分の後進を育てよ）

製造現場の管理監督者になる場合には、人が好きでなかったら引き受けてはならない。

人が好きとは頭をなでることではなく、その人のためを思って育成しようとか、悪い点を直してあげようとの思いをもっていることである。

自分の部下は上司からは逃げることはできない、時間中は拘束しているのであるからその部下の人生をよくも悪くもできる。自分の後進である部下の悩みや話を聞き、育て上げてこそリーダーの資質である。人間関係を煩わしく思う人のできる技ではない。

⑥　部下の叱り方

叱ることはエネルギーがいる。感情にまかせて叱るのではなく、相手に事の重大さや反省を促すことが含まれている。本人が気づくように腹に落とす叱り方をしなければならない。謝りにきた部下を叱り飛ばすようなことはしてはならない。反省の追い打ちは逆効果である。

私が新婚間もないとき、職場でミスをして上司に謝りに行ったら、上司からこんな言葉が返ってきた「奥さん元気か？　心配かけるなよ」これだけである。この言葉の方が雷を落とされるより腹に堪《こた》えた。叱り方にも変化球はあるものである（叱り方の基本は第5章を参考に）。

⑦　褒めることは非常に重要である

厳しさは仕事の面では非常に重要であるが、それと同じく認めることも非常に重要である。きちんとがんばり成果を上げたときには、大いに褒めるべきである。

昔、トヨタ生産方式を揶揄《やゆ》した表現で「乾いたタオルをまた絞る」と言われたことがある。これでもかというほど心身ともに搾りとるような印象を受ける表現である。しかし、別の解釈もできる。

人間の知恵を絞れということである。人の知恵は無限でありその限度は計りしれない。「で

きないと言う前にやってからモノを言え」というように、チャレンジすることを阻《はば》んでいてはそこで止まってしまう。ただ、人である以上、能力には差があることも事実である。部下が想定能力以上のがんばりをしたときは（疲れ果てている本人に）間髪を入れずに成果を認め、「よくがんばってくれたな。ありがとう」ときちんと認めることこそ最大の褒め言葉になる。乾ききったタオルが感情という湿りをもたらし、「次またがんばろう」という起爆剤にもなるのである。

⑧ 部下からのボトムアップを生み出せ（環境づくりは上司の役割である）

「うちの職場は下からの盛り上がりがない」、「トップダウンではなくボトムアップを目指しましょう」と言っているトップや管理職がいるが、それができない職場を誰がつくっているのかを理解しなければならない。

部下からの発言や意見など盛り上がりをつくるには環境づくりが大切である。まず聞くことから始まる。ときには聞きたくない報告なり、意見なりを忍耐強く我慢して聞かなければならないこともある。悪いニュースもまず聞くことである。ここで雷を落とせば積極的に報告することのない、何かを言われるまでジッと我慢する部下に戻ってしまう。

トヨタには“Bad News is First.”という言葉がある。叱ったりしないから悪いニュースは一番に知らせよということである。今でもこの言葉は生き続けている。自分たちの意見や失敗までも聞いてくれるのであれば、責任をもって物事を進めようというサイクルが回るのである。これがボトムアップの原点なのである。

⑨　貪欲に勉強すべし

もちろんリーダーは仕事面でも忙しいのだが、コミュニケーションやリーダーシップの勉強もしっかりとしないといけない。また直面する仕事に関することもシッカリと学んで部下指導もしなければいけないが、それだけでは不十分である。部下たちから上司としての人望を兼ね備えていると認知されるようにならないと部下は近寄ってはこないものである。

私が組長（35～40歳）の頃、当時の課長に「本を買え、勉強をしろ」と言われたものの実行はできていなかった。しかし、いざ課長になったころから貪欲に本を読むようになった。特に戦国武将の物語であるが、そのきっかけは**松下幸之助の『指導者の条件』**を読んでからである。儒教哲学・武士道・武士の生き様と人の道に魅せられたからである。

もちろん、それ以外にも映画も見たり、週刊誌も読んだりする。何もかもが勉強になる。感性を磨くことをするか、しないかは自分次第であると思う。

35歳か36歳で読んだドラッカーやカーネギーは難しくて苦労して読んだが、あまり覚えていない。難しいモノをわかりやすく書いた書物こそ腹の底に収まるものである。

⑩　人の気持ちを察するべし

事務所であろうが製造現場であろうが仕事をしているのは人であって、その人と人のつながりが一番の基本である。

人の気持ちを察することのできない人はリーダーになってはいけない。いくら成果を上げても、殺伐とした職場になり働く意欲がだんだんと消滅していくものである。お互いの人格を尊重し、思いやり、苦労を分かち合える職場をつくろうとがんばるリーダーのもとにはその意思を受け継ぐ人々が集まって来る。

最近の大河ドラマに見る人物像で『天地人』の直江兼続や『龍馬伝』の坂本龍馬のように夢をもち、夢を語って行動に移す若きエネルギーが脈々と流れている様を映し出している。

昔も今も人を動かすということは、夢を語り、意思を同じくして行動することができることであり、コミュニケーションがとれてこそ集団力としての力が生まれるものである。素晴らしき上司、リーダーの姿と自分をオーバーラップさせてこそ、人材育成の指針となるのである。

コミュニケーションとは人に対する「愛」そのものである。

第7章

管理監督者は更に研鑽、もっと勉強せよ

小島プレス工業の社員の礼

7・1 信頼のおける管理監督者になっているか ―部下は見ている窓越しで―

最近いろいろな職場を訪れる機会があるのだが、どこの職場に行っても、打ち解けて話をするようになると、上司に対する不満がうっせきしていることが伝わってくる。まず一番の不満が部下の身になっての仕事の指示ができていないことである。あれもこれも言いつけ、進み具合も管理できていないのに次から次へと仕事を指示する上司が多い。

部下からの質問や意見に対して真剣に答えたり、説明ができていないことも多々ある。なぜ、そんな上司になるかというと、トップから下りてくる仕事に対して自分なりに解釈をせず、本質を見極め重要性や必然性を理解していなくて、ただ言われたことのみ対応しようという意識で仕事をしているからである。

スピードが求められ迅速に仕事をすることが大切であるが、部下の能力に応じての仕事の与え方や配分ができていないことと、常に進捗を確認することが非常に重要なことであるがこれが疎かになっている。気の回らない管理監督者、部下の能力を把握できていない人が多くなってきていることも困った現象である。

私がまだ若かりしころ、課長から自分の能力ではできそうでない難しい仕事を頼まれたことがある。何とか期待に添えるようにと頑張ったがなかなか進みそうになく、しびれを切らして課長に申し出たことがある。

「課長、自分は課長が思っているような能力はありません、到底できそうもないのでこの仕事辞めたいです」。

課長がにやりと笑って言った言葉は今でも忘れることはない。

「心配するな、平井の能力はそこまで到達しているとは思っとらん。努力してやればやれるかもしらん……と思い努力を買って、任せているのだ」

こんなことを言われたら何とか期待に答えようとがんばるし、見ていてくれる上司だから安心して仕事もがんばれる。

今はどこの会社も忙しく管理監督者は猫の手も借りたいであろうが、自分の職場の仕事の進み方や部下の心底まで入って苦楽を共にすることを放棄してはいけない。

部下の能力を把握し、精神状態までも把握して声掛けを行い、目配り、心配りをすることこそ信頼を勝ち取る近道である。上司の目線ばかりを気にしすぎて、一番大切な部下を疎かにすることこそ管理監督者としてやってはならない重要なポイントと心することである。

7・2　付き合いにくい管理監督者と思われていないか

監督者の立場のときは少々煙たい存在であっても、仕事ができ言いにくいことでもズバッと言うくらいであっても問題はない。むしろそれくらいが結構である。30代まではがむしゃらに仕事を覚え、自分の思いを言って意見がぶつかることがあっても少しは多めに見てくれるが、これは監督者の場合であり、管理者になれば少し変わってくる。若いときから仕事ができる、何事もがんばり通して目標を達成する、少しの妥協もせずやり遂げる努力家。えてしてこういう人間は管理者になると皆から煙たがられ、心を許そうと思われない人になりやすい場合がある。

なぜかというと管理者になり自分で手を出さなくなる分、部下に自分と同じようにやることを強要し、妥協を許さなくなってくるからである。常にできる人の目線に立ち指示をし、できないときには厳しく叱責するタイプになってしまう。

上に立つ人は常に部下の能力を把握し、少し上の仕事を与えることが求められる。とはいえ、ただ仕事をすればよいとの考えでは管理者としては失格である。

管理者は仕事を部下にさせることはもちろんであるが、そのことを通じて将来の後輩育成という大きな使命を託されているのである。仕事に対しては厳しい面があってもよいが、時々の状況をフォローし何でも相談できる環境や雰囲気を兼ね備えなければならない。つまり部下から見た管理者が近寄りがたい人となるか、悩んだときには相談できる人となるかが大きな分かれ目となる。

ここで必要なことは「**笑顔を絶やさない**」ということである。

仕事に向かうときは非常に真剣で厳しい顔をする人でもチョットしたときに笑顔を浮かべる人には心の隙ができ、近寄って声をかけたくなるものである。

私はこんなことをよく言っている。

「**部下と一緒に仕事をしたり、仲間と一緒に仕事をしたりするなら偉そうな物言いをするな。賢いと思ったら知恵を出せ、堅強ならば力を出せ、金があったら差し入れでもしろ、知恵も出さず、力も出さず、金も出さなくて、角出して息巻くなんて愚の骨頂。何も出すものがなかったら、歯を出しておれ（笑って場を和やかにしろ）**。」

こうすれば、部下も何とかがんばれる。ちょっと近寄ってみるか、と評価してくれる。上司は部下にとっての反面教師となってはいけないのである。

7・3 管理者になったらもっと勉強をせよ、まだまだ知ることはいっぱいある

監督者になる前に大切なことは、まず何事においても仕事を覚えることであり、実践することができるということが重要なポイントであった。

しかし管理者になると自分で手を出し、物事を進めるのではなく多くの仲間に仕事をしてもらわなければならない、その人たちが気持ちよく仕事をするか、しないかで成果は大きく変わるのである。嫌な上司のもとでは誰もが仕事をしたくないし、心にゆとりをもてなくなってはよい仕事ができるはずもない。仕事ができる上司になったとしても、休み時間や社外での雑談の中でユーモアもなくいつも仕事の話ばかりでは誰も近寄ることをためらうのは当たり前である。そんな人間にならないように新聞を読み、テレビを見て政治・経済をはじめとし様々なことを大いに勉強することである。

今の世の中いくら大きな企業でも世界経済の荒波の中では木の葉の船のごとしである。生産拠点もグローバル化して海外に進出、あるいは飲み込まれることも多々ある。

管理者とは、部下や仲間に世界情勢やその中での会社の立場や今後の環境変化を話しながら全員が当事者意識をもって一つに結束できるように導いていくのも大きな役目である。

若い人が大勢いるのなら今の若者の心理や嗜好、流行なども知っておく必要がある。この場合は書物だけでは到底ついていけなくなるので、若者の中に入っていかなければならない。

「**虎穴に入らずんば虎子を得ず**」に似通っている。管理監督者が若者文化の中に入る努力をすれば何かが伝わってくるのである。

管理者の相手は機械でもコンピュータでもない。「**働くのは人・人間である**」、だからこそ人を知ることが大切である。急成長のときはついこのことを考えているゆとりがなくなっていたが、今、産業界の成長がリーマンショックの影響などで緩やかになってきている。また団塊の世代たちのリタイアで若者や次世代を担う人の成長を期待する声が大きくなってきた今こそ、もっともっと人間を知らなければならない。人の気持ちを察することのために「**心理学**」も学ぶ必要があると思う。心理学と書くと仰々しいかもしれないが、「**人の心を知ること**」が大切なのである。私の言いたいことは「**赤子の言いたいことを感知せよ**」ということである。

話せない赤ちゃんが泣いて何かを訴えたとき、母親には何を言っているのかが瞬時にわかるのであるが、男の自分にはすべてがわからない。今の泣き方は「お乳が欲しいのか」、「おしめを替えてほしいのか」、はたまた「抱っこしてあやしてほしいのか」、これに対応できるのは母親のみであるが、このからくりは至って簡単である。

先ほどお乳を飲んだのであれば、そろそろおしめを替えてほしいと言っている。そろそろお腹がすく頃だから、お乳がほしい。常に関心をもって人に当たれば、次の要求なり、考えが見えてくるはずである。その感性を高めることは企業人として、人の上に立つ人間としてすこぶる大切であり、このことはその後の行動に大きな差になって現れる。つまり「**対応力の向上**」が仕事を左右することにつながってくる。

7・4　貪欲に本を読め　―今流にアレンジせよ、部下育成には必須項目―

私は35～40歳のころ上司から進められて経営書や企業人としての読んでおくと役に立つような本を上司から薦められて読んだことがある。その上司は片足が義足であったが天井クレーンが故障していれば垂直梯子を登って現物を見るというくらいの人であった。反面、とても勉強家でときどき大学の先生までもが教えを受けにやってくるような人であり、自宅の書斎兼勉強部屋は三方が天井までの引き戸式の本棚でいろいろな本がぎっしり詰まっていた。

あるときにはプレス技術の専門誌を探しに名古屋の丸善に行くのに同行した。専門誌を探し出し、どこを見るのかと尋ねたら「この数ページが見たかった」と言って買われた。そして「**お前も月給の３％くらいは本を買って勉強しろ**」と言われたが、これは実行できなかった。この頃は「５現主義」や「トヨタ生産方式」、「右脳人間」、「フィーリング管理」など、現場で役立つような知識を高める本などを読んだ記憶があるが長続きはしなかった。仕事に追われ、いろいろ出てくる問題解決、宿題や課題、部下指導などに翻弄されながら仕事中心の生活を送っていたが、本を好んで読むようになったのは50歳を過ぎた頃からである。

管理者の立場である課長になり、知識も技能もまだまだ出来上がってないと思う気持ちがあっても立場上、管理職としての方針や方向性を示さなければならなくなってきた。上司や先輩たちの行動を横目で見て悔しい思いや知らないことのジレンマで悩んだことも多々出てきた。

管理者としてやらなければならないことをやるしかない、できないことを悲観していても進まない、立場が人をつくるとはよくいったものである。心理の変化も出てきた。「**新人課長は最低で当たり前、だったら教えてもらえばよいではないか**」といわば居直りの心境が生まれたのである。なかなか上司に聞くことはできず気の合う部下に教えてもらうことも、はじめはそれで済んだがいつまでも甘えてばかりではいられず、仕事の本、人生の本、人間関係についてなどの本をよく読んだものである。

新米管理職時代に多くの人に師事し、体験をさせてもらった。不良を出し後工程に迷惑をかけないように必死でがんばったこと、幸せだったのは苦楽を共にする多くの仲間が周囲におり、私をサポートしてくれたことである。この職場の仲間たちのことは今でも忘れない。

次長になった2000年以降は現場系の新人課長に対する講義・講話を担当するようになり、人前で話をすることが多くなった。前述したように受講生にきちんと話ができるよう物事を説法できるようにと、この頃から本で学び、勉強したものである。その頃の本で大切にしているものがある。トヨタの経営者の言葉をまとめ、説明している、あさ出版から出された『**障子を開けてみよ。外は広いぞ**』（小宮和行）を読んだときである。

長年トヨタで仕事をしてきて見聞きしてきた言葉が多く出ており、その意味を再度知らされた。感無量になって読んだものであるがこの本を買ってからすぐ後に、正確には6日後に社内発刊の『トヨタウェイのルーツ』が渡された。中に書いてあることはまったく同じ。先に渡されていれば1、400円の出費はなかったのにと笑えてきたが、今は共に大切なバイブルのような存在の本である。

また、日本人の「モノの考え方」や「人とのかかわり」、これらを学ぶには時代をさかのぼって、武士の行動・考え方を学ぶことをお勧めする。特に時代小説は私にとって大いに勉強になった。書物の中には様々な人物が出てくるが、その一人ひとりが今の自分にとっての先生であり、戦国の時代から鎖国の時代、そして底辺に流れている儒教文化など日本文化の基盤のようなものが薄っすらと見えてきたようにも思う。**本は先生である**。本で学んだことがそのまま通用するとは思わないが、その後は自分流にアレンジして世の中に役立つように切り変えていく。本を読むとは自分を高める必要な行為で、誰にでも同じようにチャンスを与えてくれる。つかむかつかまないかが大きな分かれ道だ。

新聞も大いに読むことを勧める。隅っこに載っているちょっとした記事から部下指導のヒントはあるし、時間待ちに読む週刊誌でもためになることが載っている。しかし、それらは記憶しきれるものではないので、私はいつも気に入った記事をコピーしたり、切り取ったりしてスクラップブックに差し込んでいる。そこにインデックスをつければ立派な参考書、価値は数十倍に跳ね上がる。本を読むことで、知識を増やすことはもちろん、想像性を豊かにし、夢を抱き、感情を豊かにしてくれる。

津本陽著の『武士道』の中に書いてある脳みその話では、子どもは４００グラムの脳みそをもって生まれ、５歳になると１、３６０グラム、大人では１、４００グラムとのことである。今さらいくら勉強してもＩＱ値は高くならないだろうが１、４００グラムの脳みそにチクチクと刺激を与えれば、脳みそのしわが増え、表面積は増えるだろう。そうすれば脳も活発に動き

「**感性指数（EQ）が向上し、こころ豊かな人間になる**」と自分流に解釈し自分に言い聞かせている。

心の鍛錬をすることとは様々なことの刺激を自らが求め、感じる心を豊かにすることであると思う。そうすれば人の魅力は高まりよき指導者になれる。後述する資生堂の名誉会長の福原義春氏が言われた「チャーミングなリーダー」になれるということにつながるのである。

7・5　ベンチマーク　—他社を見るなら人も見てくること！—

企業では自社だけにはこだわらず、常に競合相手や他分野の企業などを見て参考になることを勉強し、他社とベンチマークすることを盛んに勧めている。

そのためか、同業他社の見学をお断りするという会社が多く見受けられるが、企業の技術やシステムはちょっと見ただけでわかることはない。中には「眺めただけでわかる」と言われる人がいるが、それはおおよそのことを自分の中に描き、構成を予想して、後は検証するだけというところまで考えている人であり、この領域に達している人はそうそういない。企業も門戸を開き、大いに見てもらうことを勧めたい。

私も、偉そうに言うことはできないが、トヨタで働いていたときには多くの方を会社にお招きし現場を見ていただいた（もちろん会社に了解をとってのことだが）。見る側の人も参考になることがあったと聞いている。中でも私が担当していた職場では新しい工場で使い古した旋盤やボール盤など旧式のものを整備して使えるようにし、一時しのぎでの保全作業に役立てるために使用していた。

設備に関して知識のある方は一様に驚き、「**今どきの中小企業でもこんな古い設備はありませんよ**」と言われたが、古い設備も現場の人たちは整備をしっかり行いペンキを塗り何もなかったかのように使っていた。後から現場に行き話したら「まだまだ現役ですよね」とうれしそうに話していたこと覚えている。

新しい設備だからよい仕事ができる？……ちょっと考え直させる一面だと思う。他社を見るときには様々な視点で見ていると思うが、加工技術の高さや生産技術的なものの見方、自社にないモノづくり方法など見ることにより大いに勉強になる。

それとは別にその会社の社風や従業員に対する教育（中でも心の教育・精神面）も見ることが大切である。その他には、一般的だが設備のメンテナンスはできているか、４Ｓは行き届いているか、モノの置き方はきちんとされているか、これらはその会社の基盤を構成する従業員に対する教育・資質のレベルの高さを見ることができ、大いに参考になるはずである。

私も様々な会社にお邪魔したが、対応していただく上位の方を見てときどき「眉をしかめる」ときがある。横断歩道を無視して斜めに先頭を歩いて案内され、なお片手をポケットに入れて説明された方がいたが、所属をうかがってみると親会社から来られた役員であった。これでは親会社の資質が手にとって見える。

管理職たるものは「**稲穂のごとくであれ**」であり、常に謙虚さをもち外部の方に対しても、社員に対してもきちんと対応できてこそ皆の模範の上司像となる。常に観察対象であることを忘れないこと。そのことを肝に銘じていただきたい。

社内見学中、現場で働いている人たちと目が合ったり、すれ違ったりしたときに元気にあいさつをしてくれることは非常にうれしいものである。このような行為ができている会社は本当の意味で報・連・相ができている職場であると思う。設備やモノづくり技術はすぐに自社に活用することができないがこれらの行為を取り入れることはできると思う。部下に対して見てきた様子を伝え逆に見られたときを想定しながら部下育成につなげることが大切なことであると思う。

私がときどき見学させていただく会社で、とても感動する風景を目の当たりにしている。豊田市にある「小島プレス工業(株)」という、トヨタ車の小物プレス品から成形部品、電子部品を加工しトヨタ自動車に納めている会社である。この会社の特徴は従業員が非常に素直でアットホームな様子が見受けられることである。約２、０００人の社員とグループ会社で構成されているが小島プレス工業では朝、従業員が出社してくるとき、門の前で直立し会社に対して**「礼」**をして入門、退社時も門を出る前に振り返り、直立して**「礼」**をして退社する。

長い間このことを実践し続けているとのことだが、ここに会社の思想、哲学があると思う。根底に流れているのは**社是「和」**である。「仲間意識・チームワークを大切に・家族を守るため会社を大切にする精神を従業員に伝え、実践してきただけだ」とのことであるが継続し実践していることに感銘と感服を覚える。

私はこれをベンチマークして**「まねをしなさい」**とは言わないが、自分が働いている会社に対してこれは「俺の会社だ」と言ってくれるような従業員が増えればどんなことにもチャレンジできる強い会社になれると思うし、これが日本的企業文化ではないかと思う。

大企業、中小企業、今ではどんな会社でも一夜にして崩壊してしまう時代である。だからこそ日本的感覚を大切に自分の会社をよくする、運命共同体と思う社員が育ってくることを望んで夢見ている、こんな会社があればぜひ見て学んでほしい。

「企業は人なり」と私たちは教えられてきた。

どんな企業でもそこに働く人々が活き活きしていなくて、やらされ感の人たちばかりではよい仕事もよいモノも生まれない。そんな精神が日本企業の根底に息づいていると信じている。私が育ったトヨタ自動車ではトップが代わってもいつも同じことを聞かされ、会社としての軸がぶれていなかったと今でも思っている。他社を見させていただいたときにはついつい人に目が行き、自分の部下と照らし合わせて更に向上させるためのヒントを学ばせてもらった。ベンチマークはだから必要なのだ。

7・6　興味をもつことは向上心の表れ　―変化点が勉強の場である―

これからの管理者は更なる勉強が必要になる。

私たちは世の中が右肩上がりのときを会社とともに歩み、失敗の中から方向性を見いだし成長してきた。この点に異存はないが、すべて努力の賜物ばかりではない。「もっとよい暮らしがしたい、成長したい」という国全体の勢いに押されたのも大きい。失敗を体験し、自ら改善することを経験させてもらったことが会社の中での成長、人としての成長の足がかりになったと思っている。

会社の中では**「まずやってみよ」**、この考えをベースに進んだおかげで今がある。時間を使わせてもらうゆとりが過去にはあったが、今は時が速く進んでいる。失敗や成功体験を重ね、成長させていくのが人材育成であるが、余裕がない環境で、いかに失敗を少なくし仮想失敗の中から成功のシナリオをつくっていくかにかかっている。だからこそ日々発生する問題や何かの変化を教材として関心をもって当たらなければ、スキルも管理者としての能力も向上しないのである。

管理者になったら今まで経験のない仕事もあるであろうし、立場の違う判断もしなければならないが恐れていても致し方なく、果敢に挑戦するのみである。要領よくやることを覚え結果のみを考えて行動するようになってくるかもしれないが、人生一回きりである。チャレンジすることを忘れず、心はいつまでも青年の気質で仕事に向かってほしい。

職場の中で知ったかぶりをするより、わからないこと、理解しにくいことは何でも聞けばよい。部下に聞くことは恥でもなく聞いてくれた部下は一生懸命説明してくれる。職場を巡回していて「オヤッ」と思ったら首を突っ込むことである、そして**質問すること**。**「なぜ」**、**「誰が」**、**「何を」**、**「いつ」**、**「どこで」**、**「どうしてそうなるの」**の**5W1Hの質問である**。

それを繰り返していけば自分も知識が増え、理屈や現場のことがしっかり理解できる。「**失敗事例があればそれをチャンスに勉強しろ**」と私も散々上司から教えられたが、まさに変化点は勉強の場であった。自分の職場はよく見て回ることが肝要、目で確認しながら、耳で聞き分け、足で稼いだ記憶が現場人としての誇りであり、油の匂いで関節がスムーズに動き健康でいられたと公言している。

「**興味をもち、見聞きすること**」で感動する感性を培おう。充実した日々を過ごせることこそ、生きている価値が生まれてくるのである。

第8章

向上から安定……そしてぬるま湯感からの脱出

講義にて

8・i 過去を振り返る ―今語り伝えるべき産業の発展と人の努力―

私が今に伝えていけるのは社会人となり、見聞きしてきたこと、体験してきたことのみであるが、それもほんの一部にしかならないと思っている。

1964（昭和39）年、私はトヨタ自動車工業(株)に高卒技能員として入社した。現場に高卒の技能員を入れたのは1962年からである。当時は大衆車ブームが起こり、自動車が代表する産業になるということでトヨタも工場増設に踏み切り、本社周辺に工場を建設することになったのである。

しかし自分としては実際のところマイカーをもてるなど思ってもみなかった。プレス工となり昼夜勤務しながらやっとの思いで3段変速の自転車を買ったときは本当にうれしく、夜勤明け（土曜日の朝）仕事を終えてその足で出身地の三重県員弁郡にある実家まで（当時の道のりで70～80キロメートルあったと思うが）見せに帰った思い出がある。

普通の自転車で少し軽く動く程度であったが、実家まで帰ってやろうと思い実践できたのは、職場において先輩から厳しく仕事を鍛えられ、とにかくへこたれないこと、やり通すことを叩きこまれたからできたと思っている。

入社当時はよく叱られたものである。１００トンから３５０トンプレスを担当していたが、すべて手加工（コンベヤから流れてきた材料や製品を投入してプレス加工をして取り出し後工程のコンベヤに流す）で慣れていない自分は先輩たちから仕事は遅れるし、加工不良は出す、セットミスはする……その都度**叱られながら教えてもらう毎日で、まさに戦争であり、仕事も辛く逃げ出したかった**ことを覚えている。

そんな辛いこともあったが思いとどまったのは、同じ思いでがんばっている仲間や、仕事帰りにコーヒーを飲みに連れていってくれた先輩がいたことが救いであった。

仕事を覚える、指導を受ける、私はこれと同等に人生を教えてくれる人に出会ったことがよかった。そのため今でも新入社員には先輩をつけることが必要だと思っている。

当時は皆生活することだけで精いっぱい、一口にいえば貧乏な暮らしを送っていた。給料も貰ってすぐに使い果たし、質屋通いを経験する仲間が大勢いた。何とかやりくりして生活できたのはお互いが助け合って過ごしてきたおかげである。

入社当時は仕事が終わってから休憩所でその日の出来事、失敗や仕事に対する心構えなど様々なことを教えてもらったことを思い出す。自分の考えを言って論争をしたり、「バカだ、たわけだ」と言われて発奮したり、挫折しかけてはなだめてもらったり、根底には皆でがんばろうとの思想が当時のトヨタの現場にあった。それが原点になって今の自分があると思っている。

よく喫茶店でたむろして仕事のこと、上司のことを話した。今では仕事を終え、職場で仕事にかかわることを話していると時間管理の観点から「これは仕事に密に関わっていることだから残業である。仕事そのものだ」などと規制が入る時代になった。

たしかに職場の問題とか、よくしようと話し込んで時間を忘れての論議などは仕事そのものかもしれないが、(自分としては古い人間かもしれないが) すべて時間管理で押さえてしまうことはさみしい気がするのも事実である。

今後は先進国としてある面はドライに考え、仕事とプライベートの時間を管理しなければならないが、日本的文化、感覚までもが欧米的でよいとは考えたくないのである。**時間管理も大切だが割り切り方にも幅がほしい**ものである。

退社する前、私の自宅の近くの焼肉屋で二人の若者がうまそうにビールを飲みながら仕事の話や上司のことを話していた。はじめは上司の悪いところを肴《さかな》にしていたが途中で「しかし、あの○○さん、先日の報告会の発表、すごかったね。うまい資料でわかりやすかったし、まとめもすごかった」と、こんな会話をしていた。その後に仕事の問題、改善のアイデアなど熱っぽく話をしていた。内容からトヨタのどこの工場か、職場はどこかが推測できた。

私は、仕事を肴に前向きに論議している若者を見て「まだまだいける、後輩たちの中には骨のある奴がいる」と嬉しくなり、推測できた職場の後輩である課長に電話をしてこう言った。

「たぶん君のところの部下だと思うが、仲間と二人で前向きに仕事の話を一生懸命していたぞ。よい部下を育てたな、今後もがんばれよ」

相手の課長も電話の向こうで「はい、今後もがんばります」と言ってくれた。

過去にあったことは今でもあると思い知らされた。捨てたものではないとの実感だ。

8・2　世の中が活気づくとがんばりに火がつく

１９６９年、アポロ11号が月面着陸をした。１９７０年には大阪万博があった。

世の中が前に前にと進み、社会もマイカー時代に突入して、どこの家庭でも車が購入されるようになってくると、あれもこれもと欲しいモノが多く出てくるようになってきた。トヨタ自動車も生産台数が増加し、多忙な毎日が始まったがなかなかうまく事が運ばず、どこの職場も問題課題が山積していた。私が所属しているプレスショップでも生産対応に追われ、一番の問題のプレス金型の交換に活路を見いだそうと型段取り改善に躍起になっていた。まだ作業者だった頃で毎日が改善やその結果を確認するテストや、管理監督者もスタッフも侃々諤々《かんかんがくがく》と知恵を出し、現場の一技能員も何かと手を出しその中に巻き込まれていった。

そんなときは仕事にも改善にも真剣になり覚えること、挑戦すること、身体からのめり込んでいって何とかやり遂げようとの気概が生まれたものであり、それは入社当時の苦しみの我慢、耐えることではなく、**切り開く、やってやろう**とのチャレンジ精神の始まりであった。

今でこそ世界標準語になっている「**カイゼン**」であるが、「**よい品、よい考**」を達成するために品質の問題、原価の問題、安全の問題、人材育成の問題、考えてみれば職場には問題だらけであった。改善することはいくらでもあるし、誰でもやれることがある。

会社で進めていた創意工夫制度も大いに士気が上がっていたものである。不純かもしれないが、当時はボウリングブームで職場では仲間が全員そろってマイボール・マイシューズを目指し、その資金を創意工夫制度で稼ごうと音頭をとったことを思い出す。改善で職場がよくなり賞金獲得にまでつながり、今思えば面白かった時代だった。

目標をもって企業で働くといっても、個人ごとに目的やねらいは違うと思う。その集団を一つに結束させることは非常に難しい。最近『もし高校野球の女子マネージャーがドラッカーの「マネジメント」を読んだら』という本が話題になった。部活動にとってそうである以上に、全員が一つの目標を設定して進むことは企業人にとっても容易なことではない。そこで管理監督者による進め方、ねらいどころの工夫が必要になってくる。

共通点を見いだし、集団をまとめていくことは部下の関心事や共鳴するような事柄を常に意識して感知し、意識を喚起して行動していかなければならない。過去には物質欲をかき立て、がんばれば手に入ることを宣伝し活性化させたものであるが、今ではきちんと順序立て物事の筋を立てて話さなければならない。

会社においての目標は、全員に理解できるように説明し、やった後の嬉しさや意義をしっかり理解させ、現状を変えていくことが求められる。訴える力や説得力が管理監督者、リーダーの大きな能力の要素になってきている。職場にこれら真の意味が浸透したとき、職場はイキイキとするものである。

8・3　いつもよいから悪いものは出ないだろう　―管理者は油断防止をせよ―

仕事も川の流れのごとく、調子に乗って勢いづいたり、おだやかになったり、時には惰性に任せて進んでいたりする。順風満帆になると働く人たちの心に隙ができてくる。不良が発生した後、災害が発生した後なら働く人たちは神経を研ぎ澄まし、同じ過ちを犯さないようにと懸命になっているが、時が過ぎるとその緊張の糸はすり切れ、体制が安定しだした直後には関心も薄れ、惰性で事が進んでいくものである。

常に緊張感をもちながら仕事をすることが望ましいが、人間の特性を踏まえ考えてみればそんなに緊張は続かないものである。そのときが肝心である。緊張や注意力が散漫になりかけたときを見据えて、ジャッジし問題発生を回避することが管理監督者の役目になってくる。

私がプレス課長をやっていたとき、職場を巡回しながら部下の様子や職場の雰囲気を読み取り、声をかけたことがある。**「ちょっと緊張感が薄れたな」と思ったときにはときどきこんなことをやった。**

プレス品は「穴数」、「切り口のバリ」等を見て品質チェックし、穴数と日付、名前をサインしてプレス品検査台に保管している。毎日のチェックを惰性でやっているように見えた場合、私は製品を手にとって部下にこんなことを言って気を引き締めさせていた。

「○○さん、この製品穴があいているぞぉ、大丈夫か?」

部下はびっくりして製品をとり、穴を数える、そして

「どこも問題ないですよ、きちんと穴もあいているし、脅かさないでくださいよ」と言って怒ったように私の顔を見つめる。私はニコッと笑って

「おう、きちんと穴が空いているから空いているぞ……と言ったんだよ」と言うと部下は「不良品が出たと思ってびっくりしました」と言ってにらみ返す。

これがよいのである。「**気を抜くな**」、「**シッカリ見よ**」いつも言い続ければマンネリ化して「またか……」となり、耳で聞いても行動には結び付かない日常になってしまう。管理監督者は常に風紀や緊張が途切れないように油断防止を図ることが大切なのである。

8・4　事の本質を部下に教え込む　―ルールの本質は何かを理解させよ―

今の時代、何かあればルール化とかシステム導入とか規則をつくって守らせることが多い。規制をかけることに走りがちであるが、事の本質を説明したり、部下に理解させたりすることを怠りがちになっているのではないかと思う。

「**ルールだからやってはいけない**」、「**守らなければいけない**」では部下は納得しないのであるから、その理由を部下の心に落とし込むように説明するか、理解させなければならない。ほ

とんどの部下は職場におけるルールとか決まり事などおおよそは推測がついている、そのことを確認するためには部下に対して逆説で問い直すことも一つの作戦である。

例えば「**職場内を走ってはいけない**」とのルールがあり、走った部下が指摘を受けた。その部下に対して「**緊急時くらいは気をつけて走ることはよいのではないか、ルールがおかしいのではないか**」と水を差すと部下は即座にこう言い返す。

「**いや、職場内は危険なものも置いてあるし、床も滑りやすい、リフトも走っているので走るのはいけないです**」と答える。「**じゃあ走った君が悪いのだね、今後どうやって守ればよいかね**」と諭していく。まどろっこしいかもしれないが、こんな指導方法も取り入れることで効果が出ると思う。

管理監督者はいつもと違う教え方、諭し方も心しておくべきであり、適度に手を替え品を替え、言い方を変えての工夫をすべきであると思う。基本やルールが守れないのは、そこに何かの教え方の工夫が足りないことがあるのかもしれない。一辺倒の教育ではやった人のみが満足して、受けた人が理解していないのではないかと思いめぐらすことで、教える側の指導力向上につながるのである。

8・5 変化に対応する力 ―管理者の言動・行動が職場を変える―

リーマンショックやバブル経済崩壊、右肩上がりの時代は人々の考えも行動も狂っていたといってよい。何をやってもすべてよし、将来を見据えて努力したりする風潮が消え去り、ズル賢く世渡りをして、今さえよければよいという雰囲気が若者から熟年の紳士までにも漂っていた。今その「ツケ」が一気に押し寄せてきている。リーマンショックに大震災、おまけに通貨不安と円高である。モノづくり、輸出で生きてきた日本経済もここに来て大変な事態になっている。大企業から中小企業に至るまで日本でのモノづくりを諦め、海外移転を真剣に考え行動に移しつつある現状、どのように生き抜くか、企業の経営者は頭を悩ませ、まさに針のむしろの上にいる。

一方、仕事場を見てみると多くの職場では問題が山積しているのに改善に手をつけ乗り出す様子もなく、今までどおりのやり方で仕事をしたり、言われないことは知らないふり、相手の立場や状況も知らずに仕事の指示を出したり、負荷量も感知していない管理者もいる始末。これでは、諸外国の勢いに飲み込まれてしまうことは火を見るより明らかである。

今こそ「**現地・現物**」である。まず現場に出て、自分の目でよく見ることである。自分の職場の仕事量、設備の状況、そこに働く部下の行動、じっくり観察すればまだ生き残りをかけた世界での競争に打ち勝つことは可能な部分も見えてくると思う。今、トヨタを離れて一社会人となっていて、いろいろな企業を訪ね、見学させていただくと、いろいろな課題が見えてくる。

作業者の行動が一番に目に着く。言われたことはやっているが、楽な仕事であればそのままを続けようとしているし、悪いところがあっても申請し改善をしない。工場でそのことを管理者に言うと「**なかなかうちの社員は改善することが苦手で何も言ってこないのです**」と言われるが、私は社員から言ってこないのではなく、言っても今までやってくれない管理者がいたから、「**言っても仕方がない、やってくれないから**」という積み重ねが現象として現れているだけであると思う。

トヨタで働いていたとき上司からよく言われたことである。「**部下からの意見に対しては〝やれない〟とは言うな、まずやってみたり、検討したりするなどして、そのことを部下に〝報告しろ〟、言った部下に答えてやることが大切である**」と指導を受けた。「改善の芽や意見を言うことを大切にする」ということはどれだけ聞いて実践、検討するかで、部下は上司の行動を見て測っているのである。今を変えることに果敢にチャレンジすることが管理者の使命であり、部下はそれを手本に行動するものである。

改善活動は大きな教育の場であり、改善活動を通じて人は育つといっても過言ではない。

今の若者は単純な仕事より少し難しい仕事の方がやりがいを見つけてがんばる風潮がある。草食男子に肉食女子といわれているが、そんなに捨てたものではない。ガッツもあり、仕事にも食らいつく要素はしっかりもっている。茶髪で入社してきた少々やんちゃそうな男、ピアスをつけ意気がっている男、裏を返せば目立ちたがる個性をもっているのでスポットを当ててやると思いっきり弾けるものである。部下の個性を読み取り、活かすも殺すも管理者の能力であるので、心してほしい。

8・6　管理監督者は教育者　―仕事を教え、人の道を教える―

職場の仲間たちや部下から信頼され頼りにされる人は、第一に仕事を知っている人であろう。職場の中で存在感がある人とは仕事のプロである。同じように仕事をして問題も発生させず、時間も出来映えも素晴らしい、そつのない動きで目標を達成するのと同時に職場の仲間や部下たちからよき先生として尊敬され、あがめられるのである。管理監督者が羨望の目で見られるためには仕事のプロにならなければならないが、その域に達したとしても仕事のみ教えるだけでは人はついて来ないのである。

その人が今一番教え、伝えていかなければならないことは、人間として、社会人としての人の道であると思っている。与えられた仕事、言われたことだけやっていればよいとの風潮の中、人としての立ち振る舞いやモノの考え、そして仲間を思う気持ちなど管理監督者は人の道を教える人にならなければならないのである。以前述べたが人と人のつながりを大切にして仲間を思う気持ちをもち、チームワークで（苦労もあるが）目的を達成する集団になる努力を仲間に訴え、行動を共にする管理監督者にならなければその職場は活性化しないのである。

（故）松下幸之助氏が努力の中から悟られたこと、武家社会から学ばれたこと、それらを多くの文献にまとめて世に出している。近年では京セラの稲盛和夫氏が多くの企業人に「企業人として、社会人としての人の道」を説いている。それぞれ原点に流れていることは「**人間の本質を知りなさい、人として歩みなさい**」と我々に語りかけてくれることであり、真摯《しんし》に受け止め精進しなければならないと思っている。今の世は非常に厳しく現実から逃げたくなるようなことが常に発生しているが、私たちはこのことから逃げるわけにはいかないのである。真正面から立ち向かわばければならない。実態を職場の仲間に教え、あるべき姿を描き、ぶつかっていく情熱があればきっと打開策は生まれてくると信じている。

「黙して語らず」は過去のこと、現状をきちんと解析し部下や仲間に説明・説得し、理解、納得させてこそ管理監督者である。その後は共に考え行動をすることで解決の方程式は解けるはずである。

右肩上がりばかり見てきた時代から一転して暗雲の時代になった。頭を早めに切り替えることができる若い人たちにバトンを渡しながら、我々は過去を懐かしむのではなく、先人の知恵を語り継いで今に活かす工夫を模索するように指導していくことが大切である。実践で生きてきた現場人がもっと声を大きくして**現地現物での「知恵の伝承」**をしなければならないのである。

8・7　厳しいときこそ、新しきにチャレンジせよ

「何とかなる」との時代は既になくなり、**「何とかしなければならない」**との環境になった今、私たちには少し乱暴ではあるが居直る心境になることも必要ではないかと思う。やけを起こすのではなく冒険をするということであり、知恵を出し合い今までと違うことに着手をしなければならない。**「失敗をするより今までどおりでいこう」**と思わず、職場の人や若い人の意見を

聞きながら新しいことをやってみることが大切である。リスクを背負って物事にチャレンジするのである。

会社を離れたからいえることかもしれないが、新技術や新製品を出すときには何かのアクシデントがつきものである。事前にすべてをシミュレーションしてトラブルを起こさないのが理想であるが、どれだけ準備をしてもアクシデントを100％防ぐことはできない。しかし、そのリスクを受けてまた改善、開発をする姿勢が一番大切である。机上の論理や実験だけとは現実は違うこと、ただ前に向かって挑戦する勇気がいる。

私がトヨタにいたとき、当時副会長をしていた(故)磯村巌氏からこんなことを聞いた。

一番評価するのは新しいことに挑戦して成果を上げた人。
二番目に評価するのは挑戦したが失敗に終わった人。
三番目は現状維持で成果を上げた人。
一番ダメなのは何も変えず、成果もない人だ。
まず挑戦せよ……失敗は現状維持より尊い。

今は亡き、私の先生の言葉である。

第9章

軸をもった管理監督者・リーダーになれ

職場の仲間と

9・1 軸をもった人間とはどういうことか？

世の中で軸をもつことの必要性を説いている人たちがいるが、なかなか腹に落ちたと感じるようには理解できていないのではないだろうか。実は、私も理解できていない気がしていたので、ここで検討してみたいと思う。

長い会社生活の中で一貫して現場と向き合って過ごしてきたが、一つの軸をもって過ごしてきたのか、自分という人間は誰からも筋を一貫して通してやっていると思われていたのか……どれをとってもその答えは「？」である。立場・持ち場での考え方、世の中・会社の置かれた情勢により自分の考え方も変化してきている。また、年齢による感情の変化で揺れ動いて過ごしてきたことも事実である。仕事や職務による思いや情熱なども年々感じ方が変わってきたように思うが、多くの人たちと交わり、仕事をしてきた会社生活において、人間関係を構築する一番基本になる「**人としての心構え、人間性においての考え方**」、この「**心の軸**」がどうだったかということについて心にとめ自問してみた。

18歳までの学校生活、この年齢のときの心の持ち方とか、人に対する感情、人との接し方などコミュニケーションの基本については家族の教え方や考え方の影響が大きく左右したと思う。

「挨拶をしなさい」、「笑顔を忘れない」と両親から教えられ、悪さをしても最後には謝ることを教えられ、「素直であれ」という戦後教育の人生訓も強くあったのかもしれない。会社生活では、仲間に対していろいろな面で協力を惜しまなかったことが自分像を更につくり出していったのではないかと思う。

「平井は何を頼んでもがんばってやる……人のいい奴だ、言いたいこと言うけど憎めんな……」、これが会社生活での感じられ方になっていったのかもしれない。

職制になってからは常に心して気を配り、常に意識していたのは自分の部下に対する信頼を裏切らないことである。私は自分の部下には悪い人間はいないと信じている。仕事をする上でいろいろな考えの違いや対立はするが、根底にあるのは皆、「職場をよくしたい、明るく仕事をしたい、憎み合いたくない」という同じ思いで職場にいる人たちばかりである。

その部下の手前、自分の考え方とか接し方などがその都度違っているようでは部下は私を信用してくれないし、言うことも聞いてくれなくなってくる。自分が言うことに一貫性があるということは、常に周囲に目を光らせ、時々の情勢を知りながら上司との連携もとり、方向性にブレがないように公言して行動しなければならない。

もう一点は心の交流である。人は「**心で仕事をする**」と以前書いたことがあるが、部下や仲間との心の交流が常になければならないと思っている。

相手を思う心、仲間としてお互い尊重し合い、ある面では尊敬と信頼のおける間柄になるように物言いすることが大切である。社会に出ていればお互いが対等であるように付き合いをしなければならない。ただ、仕事の上では職位でモノを言わなければならないときもあるが、それとは切り離してフラットに付き合える環境をつくり出すことも大切だ。私は上司である方とも部下である人たちとも、会社を終えたときには同じ目線で話し合えるように努力してきた。ただ一点気をつけたことは、どんな人にも相手の立場を考えて失礼のないように、ぎりぎりのもの言いに気をつけることである。これが紳士のマナーであると思う。

これらに気配りをすれば一人の軸をもった人間像ができてくる。そこに「情熱」という息吹を吹き込めば更によいモノになっていく。今の自分の仕事は現場で働く人たちが元気にがんばっていることにエールを送り、彼らを励ますことが自分の使命であり、いかなる立場の人も共にがんばれる会社、社会をつくりだすことにチョットだけだが、お手伝いをしていこうと思っている。今の私の軸足がそこにあるから。

9・2　リーダーの条件　―チャーミングなリーダーになろう―

人間とは集団で群れて行動する動物である。集団でいることを望み、いろいろなものにチャレンジしたり、実行したりすることができる。他方で、私利私欲に走ればその集団は暴徒化して収拾がつかなくなってしまうのも事実である。文明の発達した社会でもその姿はニュースとなり世間にさらされている。戦国の世を経て江戸時代から秩序を重んじて国を治め、次第にいろいろな約束事を決めながら平和な世界を築いてきた日本であるが、根底に流れる基本的な考え方は儒教をベースとした武士道精神から来ていることが多くあるのではないだろうか。

歴史の節目にあって、リーダーとして見本となった人たちの生き様、考え方をここで述べてみる。その中から我々が今後心にとめて行動するときの何らかのヒントとなって生まれてくると思っている。最近の大河ドラマ『天地人』の直江兼続、『龍馬伝』の坂本龍馬に見る男の生き様を見たとき、一つの心をもって物事に立ち向かっている姿が映し出されている。そこに共通する人間像を自分なりに、次のように解釈してみた。

1、常に部下や領民のこと、万民の幸せを求める考え、行動がある。

2、近くを見つつも遠望する心をもって行動している（将来を見据える心）。

3、人が好きで心から人との対話をする。

4、感性が高く、感情も豊かである……そして情熱家である。

大河ドラマはその時代、時代の状況に合わせて見る人たちに奮起を促す意味合いをもってつくり上げているのではないかと思う。それは今の世の中、自己本位になり働くこともしない人やすぐ苦しみから逃げ出す行動、今さえよければよいとか、見て見ぬふりの行動など世の中荒んできた面も多々見受けられる。リーダーでありながら言ってはいけないことを何気なしに言って物議を醸したり、思いやりや周囲に気を使う気配りの心が低下していたりすることが多い。大河ドラマには、「これらに気をつけて言動に注意せよ」、「若いリーダーたちが世の中を変えてきたのだ」、「今の世も若者のパワーを期待している」といった、がんばれとのエールであるとも思っている。愛知県の三河地方に多くの工場があるトヨタで過ごした会社生活46年を振り返ったとき、地元出身の武将「徳川」とともに最後は関東に移り住む「菅沼新八郎」を書いた宮城谷昌光著の『風は山河より』を読んだ中で徳川3代の心根にいたく感動した。

松平清康（家康の祖父）　弱い立場の人をいじめたり、さげすんだりしない。

松平広忠（家康の父）　信義と勇気に欠ける者を軽蔑する。

徳川家康　人は徳に頭を下げるものである。

リーダーになる人には生き様の考え方、心に決するものがなければ人を束ねることはできないし、配下となる人はついて来ない。信望も得られないのではないだろうか。その考え方の基本になっているのが武士道精神にあるのではないかと思う。

松下幸之助氏の『指導者の条件』でも多くの武将の言葉の中から人としての道、心すべきことが書かれている。どんな本でも読めれば得るものが多くあり感性が向上、魅力あるリーダーの仲間に一歩近づくことができるのではないかと思っている。

かつて資生堂の福原名誉会長が２００１年10月号の『ＷＥＤＧＥ』の中で「**今求められているのは人を引き付けるチャーミングなリーダーである**」と語られている。チャーミングとは人を引きつける魅力であり、人間力に通じる人の器量をさす。ただ器の大きさだけではなく、美しさがなければならない。器量の美しさとは教養の深さと常に研鑽する努力・姿であると。さすが資生堂名誉会長の表現方法だと膝を打ったものである。

9・3　常に相手の心を読め、悪い条件になることも心して物事を語れ

管理監督者になれば様々な面で人を束ねていかなければならない。通常の仕事をするのであ

れば何のためにやるのか、目的は何か、どんなことに気をつけるのか、手順や目標を言い聞かせて仕事をさせるのである。おおよその着地点や、やるべきことを理解させて行動を促し進めていくので成功のシナリオづくりもできる。多くの企業で行われている小集団活動発表会やQCサークル大会ではどのサークルも認めてもらうことを励みとして大会に臨み、その集大成として各賞が授与されている。どのサークルも「我こそは……」とがんばっているが、大会ともなれば順位を付けざるを得ないのが現実である。賞をもらえれば嬉しくなり、更にモチベーションが上がりやる気が増幅されるが、選ばれなかったサークルは挫折感を味わうことも事実である。

自分の部下たちが大会等に臨むときには、彼らに大会後もがんばってもらうためにも、大会で賞に選ばれなかったとしてもやる気を落とすことのないよう気を配ってきた。

最高の賞に選ばれたサークルと選ばれなかったサークルの差は、発表の際の資料の出来具合、わかりやすさ、発表の中から見え隠れする努力の具合などの選定基準に照らし合わせて審査されたものであり、活動そのものをすべて評価しているわけではない。そのため、本質を評価できない面も含んでいる。今までにない活動をして職場が一体となり、がんばったことでも、資料や発表が慣れていなければ評価は低いことがある。そのため挫折やせっかくがんばったのに評価されなかったと落胆するのであれば、何のために発表に出たのかわからなくなってしまう。

私は常々、発表などする部下に対して、資料での注意点について次のことを言い続けてきた。

1、自分たちの苦労した点が表現できているか。きれいごとではなく本音で言えたか。

2、がんばって活動してきた中で何がよかったのだ。それが表現できているか。

3、仕事の内容を知らない人でもわかりやすい資料になっているか。

4、最後は堂々と発表できたかどうかだ、思いっきり発表できればそれでよい。

メンバーたちが一番嬉しいのは発表する前に社長や役員や部長が激励してくれたりすることである。上位の方々が激励してくれて発表に臨んだサークルに対していつも次のように声をかけていた。

「君たちは幸せ者だ。上位の役職者が君たちの活動を評価してくれている。思いっきり自分の思いを発表してきなさい。既にダイヤモンド賞かプラチナ賞をもらっているようなものだよ。大会での賞は付録と思え、気にすることは何もない」

これが私のいつもの言葉である。そして発表が終わった後には必ず、どんな結果に終わろうが「ご苦労さん、よくがんばったな」の声掛けを忘れないことを信条としてきた。

会社全体がこのような体制で部下の行動に関心をもち、共感し、そして心を一つにすることができればどんな苦しいことでもがんばり続けることができると思う。これが本来根づいていた日本的企業文化であったと思っているし、自分はそれで育てられてきたと思っている。

9・4 舞台に乗れば人は舞う、舞台をつくるべし

元住友生命の金平敬之助氏が書かれ、1993年に東洋経済新報社から出版された『舞台をつくりなさい』という本を、課長になったとき上司から勧められた。これは、1,000円と安価で、非常に読みやすい本であった。隅々まで読み、リーダーとはどのように行動するのか、考え方は、など今の自分の基礎になったバイブルと思っている。部下と接するときの心がまえや叱り方などチョットしたことが書かれているが、その指針を踏まえて自分流にアレンジして活用してきた。

① 大きくても小さくても褒められたときに人は輝くものである

確かに褒めてあげれば嬉しくなることは自分も同じであるが、褒めるために部下の仕事ぶりをよく見ていなければならないのであるから、現地現物の大切さがよくわかる。人は見られていることにより成長しようとする心が生まれ、がんばって仕事に励むのである。

② 発表会など舞台に立てば人は光輝くものである（サポートすればスピードアップ）

ＱＣサークル活動、小集団活動、改善活動、諸団体活動、プロジェクト活動、会社勤めであれば様々な舞台に立たされることが発生する。どれをとっても「嬉しくて仕方がない」と思って取り組んだことはないが、それらをやった後に上司や同僚の一言で苦労が報われ充実感に浸れることは多くある。

一部の人だけにこの経験をさせることは管理監督者としてはつつしむべきである。部下をよく観察して、成長が見えてきたとき、今一歩成長させたいときには、この舞台をつくることが大切であり、その舞台に乗せることを考えておくべきである。大勢の人たちの前での発表経験は、会社での認知もさることながら、定年退職した後まで影響してくるものである（人前で話したことの経験で町内会や地域でもきっと役に立ち、会社での努力が役立つこと請け合いである）。ただし初めて人前での報告や、発表をするときには部下の性格を把握してシッカリと指導してあげることである。前述したように失敗をしても落ち込まないようにとの気配りをするのも上位の仕事の一つである。

9・5 人生80年、1日は24時間、苦しみが楽しみに化ける

男性の人生80年。女性の人生86年。この年齢になれば大差ないのかもしれないが、今の私は67歳を少し過ぎているが振り返ってみると人生いろいろと楽しかった思い出が数多く思い出される。

子どもの頃から18歳の高校卒業までには楽しい思い出もあったはずだが、今ではほとんど忘れ、三重県で過ごして体験した伊勢湾台風の恐ろしかった（多くの人が亡くなった思い出）ことくらいしか蘇ってこない。それ以後にはトヨタに入社し結婚し、子どももでき、家も建てた。46年間のトヨタでの会社生活も終わり、今はボランタリーな仕事をさせてもらっているが、振り返り目をつむって楽しかったことを思い出せばいくらでも思い出される。その一つひとつは不良を出してしまい必死で対策をして改善したこと、嫌で仕方がなかった発表会をやったこと、ケガやトラブルはもちろん、プレス工のときには失敗をして必死で見つかる前に修理をしたこと、苦しくてにがい思い出が今となっては「**よく乗り越えてきたなぁ**」、「**あのときは楽しかったなぁ**」との思いと懐かしい多くの仲間の顔が思い出される。

時間はみな平等に過ぎていくが、24時間のうち8時間を寝ているとすると残りの時間は16時

間、そのうち会社で過ごす時間は最低でも9時間（休憩を含む）、そこに残業を入れると11時間ほどになる。残っている5時間も通勤時間や家での食事や入浴、自分にゆとりの時間など1日に2～3時間、この時間での楽しみなどは、なかなか思い出に残ることはない。

やはり思い出に残ることは会社での出来事、会社生活が人生であった。今がんばっている人たちには会社生活という舞台で楽しい思い出をいっぱい残してもらいたいものである。管理監督者は部下たちに楽しい思い出を残すことのサポートをしてもらいたい。言い方を変えれば**「苦労した後の達成感」**を味わわせてやってほしいと思っている。何度も言うが、部下をよく観察して、能力を把握して少し高めにハードルを置きチャレンジさせることである。ときには失敗もするであろうが挫折しないように関心をもち、次への布石となるように助言してやればその苦しみから脱却したときのことが楽しかった思い出となり、ワクワクした晩年になるであろう。直面した苦労からは逃げたくなるのが人間の本質であると思うが、何とかとどまり逃げ出すことは避けたいものである。その後に楽しくなる思い出が待っていると信じてがんばろう。

9・6 企業は人なり ―人材育成が企業存続のキーワード―

今、企業は人材育成に本腰を入れる必要があることに再認識した。そもそも日本には資源がなく、人材育成することで知恵を出し、付加価値を生み出すモノづくりに邁進しなければならなかったはずである。しかし、高度成長時代やバブル時代を経て地道な人材育成をすることに手を抜いてしまった。シッカリと地に足をつけ、人材育成をしていかないと、技能の伝承や道理の伝承、モノづくりから企業運営まで基盤から崩れ去ってしまう時代に差し掛かってきている。もう一度原点に返って、きちんとしたモノづくり文化、企業のあるべき姿を学び伝えていかなければならないと思っている。

心をこめてモノづくりに携わること、信用と信頼が得られるように常にお客様志向ができること、それぞれの職位でやるべき任務や役割は違えども「がんばりぬく心」を育むこと、家族を守り、その支えとなる企業を成長させること。

思いが届いた人づくりができてこそ企業は存続していけるのである。企業により育成プログラムは違ってくると思うが、企業の安心と安定を築くためにも努力を惜しまないで人材育成を行っていただきたい。厳しい時代であるが「投資対効果はどれだけだ……」と言わずに、将来化ける要素が多くある「**人への投資**」を行い続けられる企業であってほしい。

企業の中で集合教育をやれるところは何としても続けてほしい。また、人が少なく集合教育ができないと思っている企業は、ＱＣサークル活動など小集団活動を通じての改善活動を実施してこれを教育の基本と考え実施してほしい。

人間は考えることのできる動物である。考えることにより伸び続けることができる未知の能力をもっている。人を育てるということは育てようとしている人も更に伸びるチャンスが生まれることでもある。

まず自分が変わろう。今やろうとしていることを人前で宣言し、自分を追いこめば行く道は一つである。人生一回きりだ、まっすぐ進もう。

あとがき

本書は日本規格協会の月刊誌『標準化と品質管理』に9か月間にわたって連載したものを単行本化したものです。文章力もない私が書いたものを毎月読んでいただいた読者の皆さんに感謝しながら、至らぬ文章や内容に恥じいりつつ加筆と修正を加え、一片の書物として私の経験を残させていただくことになりました。

改めて自分の人生や会社での仕事は、いかに人に助けられまた協力してもらうことが大切だったかを思い知らされました。個人の能力も大切ですが、もっともっと大切なものがあったことを学ぶことができたと思います。

ややもすると「釣った魚が大きく成長する」がごとく自分に対して過大評価しがちですが、よくよく振り返ると「助けられたことの多かりしことよ」と思うのが現実です。出会った人たちに私はいつも「私は素晴らしい宝物をたくさんもっています」と言います。その宝物は、今まで付き合ってきた職場の仲間たちや先輩・上司たちのことです。人は1人では生きられないといいますが、多くの人に助けられてきました。

トヨタ自動車の現場に入りプレス工として油にまみれながら必死でがんばったこと、監督者として部下の面倒を見ながらその部下に支えられたこと、管理者になり今まで仕えてきた上司の教えがやっと理解でき支えになったこと、多くの肥やしを基に自分としての生き方や人への接し方を学び体得して部下の指導を行ってきました。長いようで短い会社人生だったかと思います。

どの場面においても多くの仲間や先輩諸氏、今まで一期一会でのお付き合いをさせていただいた人たちすべての人たちに感謝したいと思います。

この本をきっかけに、皆さんが更に一歩前へ進まれることを期待したいと思います。

人生一回きりだよ、夢を描いて頑張りましょう。

2012年6月

平井　勝利

著者紹介

平井　勝利
(Katsutoshi Hirai)

略　歴

1964年～　トヨタ自動車へ入社。現場技能員としてスタートした。
本社工場車体部プレス課へ配属
本社工場シャシー製造部プレス課
1997年～　同課　副課長
2000年～　同部　次長
2005年～　TQM推進部主査
2006年～　同上（QCサークル東海支部幹事長を兼任）
2007年～　同上（QCサークル東海支部副世話人を兼任）
2008年～　同上（QCサークル本部幹事を兼任）
（日本政策投資銀行参事を兼任）
2010年～　トヨタ自動車退職、平井マネジメント研究所・所長
2011年～　フジアルテ株式会社　新規事業本部　顧問を兼任
現　在　一般財団法人日本科学技術連盟・嘱託(QCサークル本部幹事及び東海支部相談役)、日本政策投資銀行参事、フジアルテ株式会社顧問を兼任しながら企業における小集団活動の普及、人材育成の講演、現場指導などを精力的に行っている。
著　書　『職場第一線における管理・監督者の役割』（品質月間委員会編）

よいモノづくりはよい人づくりから
—トヨタの現場管理者が経験を語る—

定価：本体 1,500 円(税別)

2012 年 7 月 12 日　　第 1 版第 1 刷発行

著　　者　平井　勝利
発 行 者　田中　正躬
発 行 所　一般財団法人 日本規格協会
〒 107–8440　東京都港区赤坂 4 丁目 1–24
http://www.jsa.or.jp/
振替　00160–2–195146

印 刷 所　株式会社ディグ
製　　作　有限会社カイ編集舎

ISBN978–4–542–50471–4

当会発行図書，海外規格のお求めは，下記をご利用ください.
営業サービスユニット：(03)3583–8002
書店販売：(03)3583–8041　注文 FAX：(03)3583–0462
JSA Web Store：http://www.webstore.jsa.or.jp/
編集に関するお問合せは，下記をご利用ください.
編集制作ユニット：(03)3583–8007　FAX：(03)3582–3372
●本書及び当会発行図書に関するご感想・ご意見・ご要望等を，
氏名・年齢・住所・連絡先を明記の上，下記へお寄せください.
e-mail：dokusya@jsa.or.jp　FAX：(03)3582–3372
(個人情報の取り扱いについては，当会の個人情報保護方針によります.)